轻松学
电气识图

第二版

许顺隆 编著

中国电力出版社
CHINA ELECTRIC POWER PRESS

内 容 提 要

本书主要介绍了电气识图最基本的知识。本书共分四章:第一章电气识图概述;第二章电气工程图读图方法;第三章供配电系统电气读图;第四章电力拖动电气原理图的读图。本书提供的各种电气图,都是为了说明识图过程的用图,是经过一定忽略处理的图,并不一定是实际工程图。本书各章后都对主要知识点进行了小结,还配有大量的思考题。这些思考题主要是为了配合各章的要点而设置的。这些思考题的答案都可在本书中查到对应的说明,因此也可作为每章的复习要点。本书的特点是详细解释学习电气识图中可能遇到的各种概念和名词,将难于理解的知识化为相对易于理解的知识点,使电气识图的过程变得相对轻松。

本书的读者对象为电气技术初学者、电工技术人员以及各大中专院校、职业技术学校相关专业的师生等。

图书在版编目(CIP)数据

轻松学电气识图 / 许顺隆编著 . —2 版. —北京:中国电力出版社,2016.2(2022.2重印)
ISBN 978-7-5123-8649-5

I. ①轻⋯ Ⅱ. ①许⋯ Ⅲ. ①电路图—识别 Ⅳ. ①TM13

中国版本图书馆 CIP 数据核字(2015)第 302674 号

中国电力出版社出版、发行
(北京市东城区北京站西街 19 号　100005　http://www.cepp.sgcc.com.cn)
三河市航远印刷有限公司印刷
各地新华书店经售

*

2008 年 3 月第一版
2016 年 2 月第二版　　2022 年 2 月北京第六次印刷
710 毫米×980 毫米　16 开本　14 印张　249 千字
印数11001—12000 册　　定价 **39.00** 元

前　言

　　本书第二版修订时，作者对全书内容重新进行审阅，对第一版出现的文字错误进行修改，对第一版出现表述模糊或解释不够清晰的部分内容做了重新修订。

　　在修订过程中，主要作了如下调整和更新：

　　（1）对原书引用的国家标准的内容进行更新，尤其是涉及新旧标准存在差异的内容，逐条进行重新审核，以最新国家标准为依据进行修订，并对新国家标准进行简要介绍。

　　（2）对第三章的第三节变配电所电气工程读图进行修订。主要是增加对其中个别专业名词进行解释，对个别元器件的结构原理进行说明。方便对变配电系统不很熟悉的读者更好理解和读图。同时新增加利用逻辑代数法分析变配电系统原理图的方法介绍和说明。

　　（3）对第四章的第一节简单电气原理图的读图进行部分修订。主要增加交流三相鼠笼式异步电动机调速和电气制动的介绍，使异步电动机电气读图内容更加完善。

　　（4）第四章增加第三节，将原来第二节的"三、电梯控制线路"作为第四章的第三节电梯电气原理图的读图。之所以将电梯部分单独作为一节，是考虑到电梯继电接触器控制系统的控制线路比较复杂，将其作为单独一节详细分析和说明有助于读者对前面介绍的电气原理图读图方法的总结和提升，有利于读者把前面介绍过的读图方法应用到对其他复杂电气系统的原理图的读图。在这节中，不仅介绍对复杂电气原理图自己制作索引的方法，还介绍如何利用索引进行读图的方法，而且把逻辑代数读图法在读复杂电路时的步骤和具体方法进行详细介绍。所增加的这一节的内容应该是第二版最主要的亮点。

电气读图实际上所设计的知识范围比较广，由于作者的专业水平所限，第二版肯定还存在许多错漏和不足的地方，在此恳请各位同行和广大读者不吝指正，作者将不胜感激。

本书自 2008 年第一版出版以来，多次重印，受到广大读者的喜爱和支持，也受到一些有经验的同行和朋友的鼓励和关心。在第二版即将出版之际，谨对本书给予关心、支持和鼓励的广大读者、同行、朋友们表示衷心的感谢。在修订的过程中，还参考了同行的许多最新研究成果，在此也对他们的辛苦付出一并表示感谢。

编　者

2015 年 10 月于厦门

第一版前言

随着科学技术的发展，电在我们生活中扮演的角色越来越重要。人们在生活中随处可以见到用电的踪迹。在国民经济的各个领域，各种各样的设备都要使用电。我们日常生活离不开的电脑、家用电器也都要使用电。要掌握电的知识，首先要学会电气识图，同时用电设备的安装、管理和维修都离不开电气工程图，电气工程图是每个电气工程人员必须掌握的工具。

电气工程图的种类很多，而且都需符合国家颁布的各种相关标准。因而，不论是大专院校的学生，还是实际工作中有志于学习电工电子技术的人员，常常感觉到电气图种类繁多、国家标准了解不全，学习具有一定的困难。尤其是许多立志自学者，更是很难做到快速入门，往往是满怀希望着手开始学习，最终却因各种原因难于深入学习而不得不望图兴叹。

本书主要目的就是帮助有志于学习电气识图的人员克服这方面的困难。本书从国家标准和最基本的识图基础知识开始，结合编著者多年的教学经验，详细解释了学习中可能遇到的各个概念和新出现的名词，力图将难于理解的知识化为相对简单的知识，使电气识图的学习过程成为相对轻松的过程。本书首先为读者解决了识读电气图入门难的问题，为读者进一步识读各种电气图打下一定的基础。因此，本书可以作为初学者自学电气识图的入门教材，也可以供从事电气工程工作的技术工人阅读，还可以作为本专科院校、技校学生学习电气识图的参考书。

本书主要内容经过精选，都是电气识图最基本的内容。本书共分四章：第一章电气识图概述，主要介绍学习电气工程图的基础知识和国家相关标准；第二章电气工程图读图方法，主要介绍电气工程图读图的一般方法；第三章供配电系统电气读图，主要介绍供配电系统电气图的种类、特点和读图方法；第四章电力拖动电气原理图的读图，主要介绍异步电动机电力拖动系统电气图的种类、特点和读图方法。本书提供的各种电气图都是为了说明识图过程的用图，是经过一定忽略处理的图，并不一定是实际工程图。

　　本书各章后都对其主要知识点进行了小结，还配有大量的思考题。这些思考题主要是为了配合各章的要点而设置。思考题的形式主要为问答题，所提问的点都是相应各章的主要知识点。这些知识点都可在本书中查找到对应的说明，因此也可作为每章的复习要点。

　　由于编著者的水平有限，书中难免有不妥之处，恳请读者和同行批评指正。

编者

目　录

第一章

电气识图概述

本章提要

> 本章介绍了电气图在工业生产领域中的重要作用和地位，概括了电气图识读的相关知识，介绍了电气图的基础知识、分类、特点以及各种电气工程图的画法等。文中关于电气图基础知识的介绍是学习电气识图的重要基础。

第一节 电气识图的重要性

一、电气识图的主要目的

所谓电气图，又称为电气图样，是电气工程图的简称。电气工程图是按照统一的规范规定绘制的，采用标准图形符号和文字符号表示的实际电气工程的安装、接线、功能、原理及供配电关系等的简图。应该说明的是，简图的"简"字，含义是用标准图形符号和文字符号简化表示实际的电路元器件，而不是指所表示电路的简单或复杂程度。

电气图渗透在生活的每一个角落，从家居的小家电到工程项目，我们都能接触到各种各样的电气图。一般而言，电气工程项目主要包括：① 内线工程（室内动力、照明电气线路等）；② 外线工程（电压在 35kV 以下的架空电力线路、电缆电力线路等室外电源供电线路）；③ 动力、照明和电热工程（各种电动机、各种灯具、电热设备以及相关的插座、配电箱等）；④ 变配电工程（35kV 以下的变压器、高低压设备、继电保护和相关的二次设备、接线机构等）；⑤ 发电设备（一般指 400V 柴油发电机组等自备发电设备及附属设备）；⑥ 弱电工程（主要指电话、广播、闭路电视、安全报警系统等弱电信号线路和设备）；⑦ 防雷工

程（建筑物和电气装置的防雷设施等）；⑧ 电气接地工程（各种电气装置的保护接地、工作接地、防静电接地等的接地装置）。

如此繁多的设备，如此繁多的系统，在实际建造时的安装，在实际运行时的维护保养，在出现故障时的检查排除故障，都需要电气图的帮助。也就是说，电气图是电气设备设计安装、维护保养、故障排除时，作为其安装、管理依据的具有统一规范标准的图样。

在电气图中，可以说明电气设备的构成和功能、阐述其工作原理，用来指导电气工作人员对其进行安装接线、维护和管理。设计者通过电气图体现其设计思想；制造者通过识图了解设计意图，组织指导生产；维修人员通过识图了解设备的工作原理、结构性能，并作为故障分析与排除的依据。因此电气图是沟通电气设计人员、电气安装人员、电气操作和检修人员的通用工程语言，是进行技术交流不可缺少的重要载体。所以，电气图作为电气工程的通用语言，对于电气行业的从业人员来说必须学会并掌握。正确的识读电气图是我们维修、安装、设计电气设备的第一步。

可以说，没有电气图，一切电气设备将无从进行安装、使用和维护管理。因此，学习电气识图对每个从事电气工程设计、制造、安装、维护管理的人员都具有非常重要的意义，对保证电气设备保持良好工作状态和保证生产质量及效益也具有极其重要的意义。

二、识图要求的相关知识

没有词汇，一种语言也就不会存在；没有统一词汇的语言，也不可能进行交流。例如，中文的"和"字，英语是"and"，德语是"und"，日语则写成"と"。不懂这些外语的人，即使看到 and＝und＝と，也不能明白那是什么意思。不明白意思就无法进行交流。电气图作为电气工程的通用语言，就必须要有语言的"词汇"和"语法"。电气图的"词汇"主要是电气图形符号和文字符号，电气图的"语法"主要是指电气图的绘制规则及标注方法等。懂得词汇，不懂语法，同样不能正确理解一种语言。例如，德语的名词，有三个性四个格；俄语的名词，也有三个性但却有六个格。不了解什么是名词的性和名词的格，即使你把德语和俄语的单词都背得滚瓜烂熟，但看到用德语或俄语写的文章，你还是不能确切明白它在说什么。因此，学习电气识图，就应该掌握电气图的"词汇"——图形符号和文字符号，就应该掌握电气图的"语法"——制图规则及标注方法。

早期的电气图标准是每个国家自己颁布规定的，这样的标准只能在每个国家

内部"通用"，而在世界范围内就不"通用"了。就像语言一样，一个国家使用的语言，到了另外一个使用不同语言的国家就不能被理解，或至少不能被真正地理解。例如，日语也使用汉字，但日语汉字的用法就与中国的用法存在很大差别，在日语中，"手"和"纸"作为单字时与中文的"手"和"纸"的含义基本一样。但若将这两个字连起来，中文的"手纸"意思是卫生纸，而日语中的"手纸"则是"信"（寄信、写信的"信"）的意思。作为电气图也存在类似的情况，同样的符号，各个国家规定不同，表达的意思可能就完全不一样。因此，早期的电气图标准是不利于在世界范围内进行交流的。

为此，有必要在世界的范围内采用统一的标准来规范电气图的绘制与表示。电气图的国际标准是由国际电工委员会（IEC）颁布的，IEC 的标准一般是参考世界上比较通用的电气标准，并在其基础上进行必要的修改产生的。但是，对于一个国家而言，由于长期使用自己的标准，一下子要改用 IEC 标准，也不是一件容易的事。因此，一般的国家都根据本国的实际情况采取一定的过渡措施，我国也是其中之一。在 20 世纪 50 年代我国主要采用或参考前苏联的标准，至 20 世纪 50~80 年代制定了一系列的电气图标准，并在近几年陆续进行修改。目前我国相关电气图的标准主要包括四个方面：① 图形符号的国家标准；② 代码代号标准；③ 电气制图标准；④ 物理量和单位标准及其他相关标准，如表 1-1 所示。

表 1-1　　　　　　　　　　　我国相关电气图的国家标准

类别	标准代号	标 准 名 称
电气图形符号国家标准	GB/T 4728.1	电气简图用图形符号：总则
	GB/T 4728.2	电气简图用图形符号：符号要素、限定符号和其他常用符号
	GB/T 4728.3	电气简图用图形符号：导线和连接件
	GB/T 4728.4	电气简图用图形符号：基本无源元件
	GB/T 4728.5	电气简图用图形符号：半导体管和电子管
	GB/T 4728.6	电气简图用图形符号：电能的发生与转换
	GB/T 4728.7	电气简图用图形符号：开关、控制和保护器件
	GB/T 4728.8	电气简图用图形符号：测量仪表、灯和信号器件
	GB/T 4728.9	电气简图用图形符号：电信：交换和外围设备
	GB/T 4728.10	电气简图用图形符号：电信：传输
	GB/T 4728.11	电气简图用图形符号：建筑安装平面布置图
	GB/T 4728.12	电气简图用图形符号：二进制逻辑单元
	GB/T 4728.13	电气简图用图形符号：模拟单元

续表

类别	标准代号	标 准 名 称
电气图形代码标准	GB/T 7159	电气技术的文字符号制订通则
	GB/T 5094	电气技术中的项目代号
	GB/T 16679	工业系统、装置与设备以及工业产品 信号代号
	GB/T 4026	人机界面标志标识的基本和安全规则 设备端子和导体终端的标识
	GB/T 2625	过程检测和控制流程图用图形符号和文字代号
	GB/T 1988	信息处理 信息交换用七位编码字符集
	GB/T 13534	电气颜色标志的代号
	GB/T 7947	导体的颜色或数字标识
电气制图标准	GB/T 6988.1	电气技术用文件的编制 第1部分：一般要求
	GB/T 6988.2	电气技术用文件的编制 第2部分：功能性简图
	GB/T 6988.3	电气技术用文件的编制 第3部分：接线图和接线表
	GB/T 6988.4	电气技术用文件的编制 第4部分：位置文件与安装文件
	GB/T 6988.5	电气技术用文件的编制 第5部分：索引
	GB/T 6988.6	控制系统功能表图的绘制
	GB/T 6988.7	电气制图 逻辑图
	GB/T 18135	电气工程 CAD 制图规则
其他相关的国家标准	GB/T 8445	有关电路和磁路的基本规定
	GB/T 3102.1	空间和时间的量和单位
	GB/T 3102.2	周期及其有关现象的量和单位
	GB/T 3102.5	电学和磁学的量和单位
	GB/T 3102.6	光及有关电磁辐射的量和单位
	GB/T 3102.8	物理化学和分子物理学的量和单位
	GB/T 3102.11	物理科学和技术中使用的数学符号
	GB/T 3102.12	无量纲参数
	GB/T 3102.13	固体物理学的量和单位
	GB/T 786.1	液压气动图形符号

注 表中完整的标准代号表示为："GB/T □□□□.△—××××"，其中"GB"表示"国家标准"，"T"表示"推荐"，"□□□□"表示"标准代号"，"△"表示标准的第几部分，"××××"表示标准的颁布年份。如"GB/T 4728.1—1985"表示 1985 年颁布的《电气简图用图形符号》标准第一部分，后来在 2005 年又修订颁布的同一标准部分表示为"GB/T 4728.1—2005"。为了适应科学技术的进步并与国际标准接轨，国家标准经常不断修改，故表中"标准代号"省略了颁布年份代号，需要了解标准的具体内容时可选择最新标准查阅。

　　一个国家的国家标准是指由该国标准化主管机构批准发布的，且在该国范围内统一的标准。我国的国家标准是由国务院标准化行政主管部门编制计划，协调项目分工，组织制定（含修订），统一审批、编号、发布。法律对国家标准的制定另有规定的，依照法律的规定执行。

　　国家标准一开始颁布，可能只颁布其中的一部分，后来又陆续颁布其他部分。国家标准是全国范围内统一的技术要求，其有效期限一般为5年，过了期限后就需要修订或重新制定。若未能及时修订，则这些标准通常仍继续沿用。修订时标准名称有时甚至可做部分更改，例如，《电气简图用图形符号》，国标GB/T 4728是1984年开始颁布的，名为《电气图用图形符号》。1984年颁布时仅颁布GB/T 4728.2—1984、GB/T 4728.3—1984、GB/T 4728.6—1984、GB/T 4728.7—1984和GB/T 4728.8—1984等五部分。到了1985年又颁布GB/T 4728.1—1985、GB/T 4728.4—1985、GB/T 4728.5—1985、GB/T 4728.9—1985、GB/T 4728.10—1985、GB/T 4728.11—1985、GB/T 4728.12—1985和GB/T 4728.13—1985等其余八个部分。到了1996年，该标准更名为《电气简图用图形符号》，并对"第12部分 二进制逻辑元件"和"第13部分 模拟元件"进行修改。1998年又修改了第2、3两部分，1999年修改了第4、9和10等三部分，2000年修改了第5、6、7、8和11等五部分。最终，2005年该标准又修改了GB/T4728.1~GB/T4728.5等五部分，2008年又修改了GB/T4728.6~GB/T4728.13等八部分。随着时间的推移国家标准通常要进行不断修改和完善。为了与国际标准接轨，我国新修订的相关国家标准正不断与国际标准靠近，甚至基本采用国际标准。仍以《电气简图用图形符号》为例，1995年以后颁布的国家标准都标有"IEC 60617 database，IDT"字样，其意思为，所颁布的国家标准与IEC（International Electrotechnical Commission，即国际电工委员会）发布的国际标准"IEC 60617 database"在技术内容上完全相同。而84/85年颁布的《电气图用图形符号》标准则只标明"本标准的制订参照采用了国际标准IEC 617《绘图用图形符号》"。

　　应该说明的是，除了上面列举的国家标准外，还有行业标准。所谓行业标准，是根据《中华人民共和国标准化法》的规定：由我国各主管部、委（局）批准发布，在该部门范围内统一使用的标准。根据行业的不同，行业标准的代号也不同。行业标准的代号一般由两个字母构成，例如，电力行业的标准代号DL、机械行业的标准代号JB、船舶行业的标准代号CB、建筑工业的标准代号JG等。

　　总之，有关电气工程的国家标准和行业标准很多，要求每个电气工程人员都去掌握这些标准是不现实的，实际也并非要求每个学习电气识图的人员都要掌握。本书列出这些标准的目的有三个：①说明有关标准的丰富；②了解标准更新的情况；③说明电气图依据的标准。从而帮助读者在学习电气读图时不断查找有关新标准，不断提高电气读图能力。

正是基于这样的原因，在本章的第二、第三节中，将主要介绍电气识图相关的标准规定，而其他规范本书一般不予介绍。若实际工作时需要了解相关标准的规定，可以再有针对性地查阅相关标准。

掌握相关电气图的标准规范只是了解电气识图的初步，要真正掌握电气识图，除此之外一般还要求读图人员具有一定的专业基础知识，还需要通过实践的积累和提高。若能够知道设备的工作原理，再看电气图，就能够较容易地读懂图中所表示的含义。若读图者同时还具有一定的实际操作技能，读起电气图来就可得到事半功倍的效果。反之则会事倍功半，虽然花很多精力读图，结果对图中表示的含义还是一知半解。

因此，建议从未接触电气方面知识的读者，应该先行学习相关基础知识后再学习本书的内容，要求至少学过《电路基础》（或《电工学》）、《控制电器》和《配电电器》，最好还学过《电机与拖动基础》等课程。只有这样，才能比较轻松地掌握读图的知识和技巧，否则就不能真正地"轻松学电气识图"。

 第二节　电气识图的基础知识

本节是电气识图的基础，主要学习各种电气图的定义和作用，了解电气图中的常用名词，如：图形符号和文字符号，项目及其代号，标记、标注和注释等。

一、电气图的分类

按照 2008 年颁布的国家标准（GB/T 6988.1~6）的规定，一般来说，电气图分为：① 功能性图；② 位置类图；③ 接线类图（表）；④ 项目表；⑤ 说明文件五大类。项目表和说明文件实际上是电气图的附加说明文件，若扣除项目表和说明文件，则电气图共有 19 种。

所谓功能性图，是指电气图样为具有某种特定功能的图样。这类图共有 9 种：概略图、功能图、逻辑功能图、电路图、端子功能图、程序图、功能表图、顺序表图和时序图等，具体定义见表 1-2。其中，"表图"是指采用点、线、图形和必要的变量数值，表示事物状态或过程的图。

表 1-2   电气图分类之一   功能性图

分类		功　　能
功能性图	概略图	表示系统、分系统、装置、部件、设备、软件中各项目之间的主要关系和连接的相对简单的简图。主要采用符号或带注释的框，概略表示系统或分系统的基本组成、相互关系及其主要特征
功能性图	功能图	表示理论的或理想的电路而不涉及实现方法的一种简图。其用途是提供绘制电路图和其他有关简图的依据
功能性图	逻辑功能图	主要使用二进制逻辑单元图形符号绘制的一种功能图。一般采用"与"、"或"、"异或"等单元图形符号绘制。其中，只表示功能而不涉及实现方法的逻辑图称为纯逻辑图。一般的数字电路图就属于这种图
功能性图	电路图	表示系统、分系统、装置、部件、设备软件等实际电路的简图，采用按功能排列的图形符号来表示各元件和连接关系，以表示功能为主而无需考虑项目的实体尺寸、形状或位置的一种简图
功能性图	端子功能图	表示功能单元的各端子接口连接，并可由简化的电路图和功能图、功能表图、顺序表图或文字来表示其内部功能的一种简图
功能性图	程序图	详细表示程序单元、模块及其互连关系的一种简图，其布局应能清楚地表示出其相互关系，以便于人们对程序运行过程的理解
功能性图	功能表图	用步或步的转换描述控制系统的功能、特性和状态的表图
功能性图	顺序表图	表示系统各个单元工作次序或状态的图，各单元的工作次序或状态按一个方向排列，并在图中绘出过程步骤或时间
功能性图	时序图	按比例绘出时间轴的顺序表图

　　所谓位置类图，是指主要用来表示电气设备、元件、部件及连接电缆等的安装敷设的位置、方向和细节等的电气图样。这类图共有 5 种：总平面图、安装图、安装简图、装配图和布置图等，具体定义见表 1-3。

表 1-3   电气图分类之二   位置类图

分类		功　　能
位置类图	总平面图	表示建筑工程服务网络、道路工程、相对于测定点的位置、地表资料、进入方式和工区总体布局的平面图
位置类图	安装图	表示各项目安装位置的图
位置类图	安装简图	表示各项目之间连接的安装图
位置类图	装配图	通常按比例表示一组装配部件的空间位置和形状的图
位置类图	布置图	经简化或补充以给出某种特定目的所需信息的装配图

所谓接线类图（表），是指这类电气图主要用来说明电气设备之间或元、部件之间的接线的。这类图也有 5 种：接线图（表）、单元接线图（表）、互连接线图（表）、端子接线图（表）和电缆图等。由于这些图有时也常常以表格的形式给出，因此，接线图、单元接线图、互连接线图和端子接线图又可分别称为：接线表、单元接线表、互连接线图表和端子接线图表等，具体定义见表1-4。

表1-4　　　　　　　　　　　　电气图分类之三　接线类图（表）

分　类		功　　　能
接线类图（表）	接线图（表）	表示装置或设备的连接关系，用以进行接线和检查的一种简图（表）
	单元接线图（表）	表示装置或设备中的一个结构单元内连接关系的一种接线图（表）
	互连接线图（表）	表示装置或设备中不同结构单元之间连接关系的一种接线图（表）
	端子接线图（表）	表示装置或设备中一个结构单元的各端子上的外部连接（必要时也包括内部接线）的一种接线图（表）
	电缆图	提供有关电缆，如导线的识别标记、两端位置以及特性、路径和功能（如有必要）等信息的简图（表）

项目表则主要指用来表示项目的数量、规格等的表格，属于电气图的附加说明文件范畴。这类表图主要有 2 种：元件表、设备表，备用元件表等。至于项目的定义在下文将有专门的解释，各项目表具体定义见表1-5。

表1-5　　　　　　　　　　　　　电气图分类之四　项目表

分　类		功　　　能
项目表	元件表、设备表	表示构成一个组件（或分组件）的项目（零件、元件、软件、设备等）和参考文件的表格
	备用元件表	表示用于防护和维修的项目（零件、元件、软件、散装材料等）的表格

说明文件主要指通过图表难于表示而又必须说明的信息和技术规范的相关文件，主要有安装说明文件、试运转说明文件、使用说明文件、维修说明文件、可靠性或可维修性说明文件和其他说明文件6种，具体定义见表1-6。

表 1-6　　　　　　　　　　　　电气图分类之五　说明文件

分　类		功　　能
说明文件	安装说明文件	给出有关一个系统、装置、设备或元件的安装条件以及供货、交付、卸货、安装和测试说明或信息的文件
	试运转说明文件	给出有关一个系统、装备、设备或元件试运行和起动时的初始调节、模拟方式、推荐设定值以及为了实现开发和正常发挥功能所需采取措施的说明或信息的文件
	使用说明文件	给出有关一个系统、装置、设备或元件的使用说明或信息的文件
	维修说明文件	给出有关一个系统、装置、设备或元件维修程序的说明或信息的文件。例如维修或保养手册
	可靠性或可维修性说明文件	给出有关一个系统、装置、设备或元件可靠性和可维修方面的信息的文件
	其他文件	可能需要的其他文件，例如手册、指南、样本、图纸和文件清单等

以上是电气图的基本分类，但并非每一种电气装置、电气设备都必须具备上述图表。不同的电气图适合于表示不同工程内容或不同要求的场合，不同电气图之间的主要区别是其表示方法或形式上的不同。一台设备装置需要多少电气图，主要看实际需要，同时还取决于该设备电气部分的复杂程度等。简单设备的电气图，可能一张原理图就可以满足实际需要；复杂设备有可能需要上面所说的所有电气图都齐全才能满足实际需要。

二、图形符号和文字符号

要学习一门语言，首先就必须学习该门语言的"词汇"，没有词汇，就不能很好地应用该语言。对于电气图这门工程"语言"，图形符号、文字符号以及下文要介绍的项目及其代号、标记、标注和注释等就像语言中的"单词"。下面我们首先来看电气图的图形符号和文字符号。

在电气工程图样和技术文件中，图形符号就是一种图形、记号或符号，既可以用来代表电气工程中的实物，也可以用来表示电气工程中与实物对应的概念。文字符号是表示电气设备、装置、电器元件的名称、状态和特征的字符代码，可以作为图形符号的补充说明或标记。只有正确、熟练地掌握、理解各种电气图形符号和文字符号所表示的意义才能正确、全面、快速地阅读电气图。

图形符号可以有多种分类方法，常用的分类方法主要有两种：① 按图形符

号所表示的实物（项目）类型分；② 按图形符号的组成功能分。

1. 按图形符号所表示的实物（项目）类型分

根据国标（GB 4728），可将其分为 11 类：导线和连接器件，基本无源元件，半导体管和电子管，电能的发生和转换，开关、控制和保护装置，测量仪表、灯和信号器件，电信交换和外围设备，电信传输，电力、照明和电信布置，二进制逻辑单元，模拟单元等。每类图形符号所表示的实物类型见表 1-7。

表 1-7　　　　　　　　　　　　图形符号表示的实物类型

图形符号	表示实物类型
导线和连接器件	包括各种连接线、接线端子、端子和支路的连接、连接器件、电缆装配附件等
基本无源元件	包括电阻器、电容器、电感器、铁氧体磁芯、磁存储器矩阵、压电晶体、延迟线等
半导体管和电子管	包括二极管、三极管、晶闸管、电子管、辐射探测器等
电能的发生和转换	包括绕组、发电机、电动机、变压器、变流器
开关、控制和保护装置	包括触点（触头）、开关、开关装置、控制装置、电动机起动器、继电器、熔断器、保护间隙、避雷器等
测量仪表、灯和信号器件	包括指示、计算和记录仪表、热电偶、遥测装置、电钟、传感器、灯、喇叭和电铃等
电信交换和外围设备	包括交换系统、选择器、电话机、电报和数据处理设备、传真机、换能器、记录和播放器等
电信传输	包括通信电路、天线、无线电台及各种电信传输设备
电力、照明和电信布置	包括发电站、变电所、网络、音响和电视的电缆配电系统、开关、插座引出线、电灯引出线、安装符号等。适用于电力、照明和电信系统平面图
二进制逻辑单元	包括组合和时序单元，运算器单元，延时单元，双稳、单稳和非稳单元，位移寄存器，计数器和存储器等
模拟单元	包括函数器、坐标转换器、电子开关等

按所表示的实物（项目）类型分的图形符号，除表 1-7 所示以外，还有一些其他符号，如机械控制、操作件和操作方法、非电量控制、接地、接机壳和等电位、理想电路元件（电流源、电压源、回转器）、电路故障、绝缘击穿等。常用类型的图形符号可参见本书附录。

2. 按图形符号的组成功能分

在新颁布的国家标准中，图形符号可分为：符号要素、一般符号、限定符号

和方框符号等。

（1）符号要素。在国家标准中的定义为："一种具有确定意义的简单图形，必须同其他图形组合以构成一个设备或概念的完整符号。"国家标准还解释"例如灯丝、栅极、阳极、管壳等符号要素组成电子管的符号。符号要素组合使用时，其布置可以同符号表示设备的实际结构不一致。"

可以这么理解：符号要素是一种最简单的、最基本的图形，它具有确定的含义，通常用来表示实物（项目）的特性功能。符号要素不能单独使用，必须与一般符号等进行组合，形成完整的图形符号。

如图1-1所示的是电动机的图形符号。图1-1（a）是电动机的一般符号，是由符号要素（圆圈表示外壳）和限定符号（文字M，表示电动机的限定符号）组成电动机的一般符号。在电动机的一般符号上，增加表示"直流电"的限定符号"-"后，就成为直流电动机的图形符号，如图1-1（b）所示；在电动机的一般符号上，增加表示"交流电"的限定符号"~"后，就成为交流电动机的图形符号，如图1-1（c）所示。同理，图1-1（d）和图1-1（e）分别是直线电动机和步进电动机的图形符号。如图1-2所示的是直流电动机的一般符号与绕组的一般符号（作为限定符号）组合后，变成表示串励直流电动机的图形符号（一般符号）。

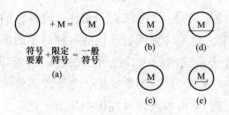

图1-1 电动机的图形符号
（a）一般符号；（b）直流电动机符号；
（c）交流电动机符号；（d）直线电动机符号；
（e）步进电动机符号

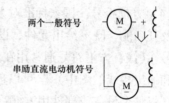

图1-2 串励直流电动机图形符号

（2）一般符号。国家标准对一般符号的定义是"用以表示一类产品和此类产品特征的一种通常很简单的符号。"一般符号可以理解为是通用的符号，是用以表示广泛适用于某一类项目共同特征或功能的简单的符号。一般符号是可以单独作为图形符号使用的，也可与符号要素或限定符号配合使用，构成新的符号。在一般符号上增加限定符号或符号要素后的图形符号，就形成某类产品中特定产品的图形符号。简单且又具有某个特定含义的一般符号，有时也可加在其他一般

符号上作为限定符号使用。较复杂的一般符号也可以由符号要素和限定符号通过组合而成。

（3）限定符号。国家标准对限定符号的定义是"用以提供附加信息的一种加在其他符号上的符号（注：限定符号通常不能单独使用。但一般符号有时也可用作限定符号，如电容器的一般符号加到传声器符号上即构成电容式传声器的符号）"。限定符号是一种用以对实物（项目）提供附加信息或表示特有功能的简单图形或字符。限定符号通常加在一般符号上，对一般符号所表示的某类项目的功能进行限定，表示该类项目中具有所指定的某种特定项目。与符号要素一样，限定符号通常也不能单独使用。限定符号有通用限定符号和专用限定符号之分，可用于各种一般符号的限定符号称为通用限定符号，只能用于某种一般符号的限定符号则称为专用限定符号。

例如，动合触点的符号为"⌐╱"，属于一般符号。手动操作的符号为"⊤"，属于符号要素。将两者进行组合，可以得到表示动合按钮的符号"⌐￼"。组合后的符号属于一般符号，还可再加限定符号进行新的组合，得到新的符号："⌐￼" + "≻" = "⌐￼"。其中"≻"是表示具有"自动复位"功能的限定符号，"⌐￼"则表示能够"自动复位的动合按钮"（按压该按钮，动合触点闭合；手松开，该按钮能够自动复位，即自动断开）。

（4）方框符号。国家标准对方框符号的定义是："用以表示元件、设备等的组合及其功能，既不给出元件、设备的细节，也不考虑所有连接的一种简单的图形符号。（注：方框符号通常用在使用单线表示法的图中，也可用在表示出全部输入和输出接线的图中）"可以理解为，方框符号主要用来表示设备或部件的外壳。将整个设备或部件用方框符号表示后，该设备或部件在图中相当于是一个元件，因此对该设备的细节等都不表示，也没有办法表示。

国家标准的图形符号存在图形相似、一形多义、一义多图的现象，读图时应特别注意图形符号的使用场合、组合情况和细微差别。如，限定符号"×"可以表示"磁场效应"、"断路器功能"和"擦除、消抹"等含义，读图时应该根据不同的使用场合加予区别，其具体含义见表1-8。

表1-8　　　　　　　　限定符号"×"的多种不同含义及应用场合

使用场合	限定符号的含义	示例符号	示例符号名称
传感器、电子线路等	磁场效应或磁场相关性	▷⧸	磁敏二极管

续表

使用场合	限定符号的含义	示例符号	示例符号名称
配电线路等	断路器功能	 —×—	断路器
信号处理、消除等	擦除、消抹	 ◁×—	消抹头

3. 图形符号的几点说明

（1）图形符号表示的状态。所有的图形符号都是按照无电压、无外力作用的状态下表示，这个状态称为正常状态，简称常态，常态又称为复位状态。与复位状态相反的状态称为动作状态，由常态向动作状态变化的过程称为"动作"，由动作状态向常态变化的过程称为"复位"。例如，带零位的手动开关处于零位状态，用手操作后，手动开关就不处于零位状态而处于动作状态。再如，继电器线圈未通电时，继电器动合触点处于断开位置的状态，继电器动断触点（或称为常闭触点）处于闭合状态。这里的"动合触点"意思是"动作后就闭合的触点"，也就是说在常态下处于断开的触点，在动作后才处于闭合状态。因此"动合触点"旧称为"常开触点"。同理，"动断触点"意思是"动作后就断开的触点"，也就是说在常态下处于闭合的触点，因此"动断触点"旧称为"常闭触点"。

（2）图形符号的选用。选用图形符号时，应遵循的原则为：当图形符号存在优选形和其他形时，应尽量采用优选形。如图1-3所示电阻符号，图1-3（a）为电阻优选形符号，图1-3（b）为电阻其他形符号。实际选用时应尽量采用图1-3（a）表示的优选形符号。

图1-3 电阻
(a) 优选形；(b) 其他形

此外，在国家标准中，给出的图形符号有形状不同或详细程度不同的几种形式。不同形式的图形符号适用于不同图样的使用。实际使用时，可根据需要选择一种符号，一般在满足要求的情况下应尽量采用最简单的图形形式。但是，在同一份图纸中应该采用一种形式的图形符号。如图1-4所示的是一台三相变压器的三种不同形式的图形符号。图1-4（a）所示为最简单的三相变压器的符号，表示有铁芯的三相双绕组变压器。图1-4（b）所示是增加了限定符号后的三相变压器符号，表示有铁芯的三相双绕组变压器其一、二次侧绕组采用星形—三角形连接，一般在详细的简图中使用。图1-4（c）所示则是详细的三相变压器的图形符号。在不影响意思表达的情况下，应尽量采用最简单的形式。

（3）图形符号大小。符号的大小和图线宽度一般不影响含义。但为了增加

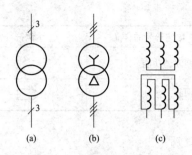

图 1-4 三相变压器的三种符号

（a）最简单符号；（b）加补充限定符号后；（c）详细符号

输入输出线数量、便于补充信息、强调某些方面或为把符号作为限定符号使用，允许对相同符号的尺寸大小、线条粗细依国家标准放大或缩小。

图形符号的大小，在一般情况下以国标 GB/T 4728 中给出的符号大小进行表示。在有些需要强调具体项目或为了对其补充信息的场合中，允许采用经过尺寸放大后的符号。

（4）图形符号方位。图形符号绘制取向原则上是任意的，即可以根据图的布置需要，在不改变符号含义的前提下，根据图面布置的需要，将符号旋转或采用镜像符号（即从镜子中看到的图形），但文字和指示方向不得倒置。不过对于采用镜像符号或经过旋转后的符号可能引起混淆的某些场合，一般则不采用，如图 1-5 所示。图 1-5（a）和 1-5（b）所示分别为继电器的动合（常开）、动断（常闭）触点及其经过 90° 角旋转后的符号。但是在图 1-5（c）中动合触点的镜像符号与动断触点的符号及图 1-5（d）中动断触点的镜像符号与动合触点的符号容易引起混淆，尤其是工程图纸使用一段时间后若动断触点符号受到磨损而模糊后，很容易引起读图时出现差错。因此，继电器触点的图形符号一般不应该使

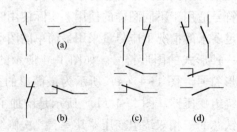

图 1-5 继电器触点

（a）动合触点；（b）动断触点；（c）动合触点镜像符号与动断触点；

（d）动断触点镜像符号与动合触点

用其镜像符号。

（5）引出线的位置。图形符号中的引出线不是符号的一部分，在不改变符号含义的前提下，引线可取不同的方向。例如，如图 1-6 所示为引线位置可以改变的情况。变压器、扬声器等符号，其引线方向改变不会影响其含义，也不会造成混淆，因此是允许的。

但是，如果引线的位置改变影响到符号的含义，则不能随意改变引线的方向。如图 1-7 所示为引线位置不能改变的情况。图 1-7（a）所示是电阻器的图形符号，正确的引线应该从表示电阻器方框的短端引出，图 1-7（b）所示是继电器线圈的图形符号，正确的引线应该从表示继电器线圈方框的长端引出。如果电阻器的引线从方框的长端引出，就容易与继电器线圈的图形符号混淆。同理，若继电器线圈的引线从方框的短端引出也容易与电阻器的图形符号混淆。因此，电阻器和继电器线圈的引线位置是不能随意改变的，否则将出现错误。

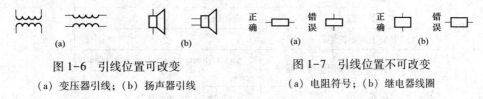

图 1-6　引线位置可改变　　　　　　图 1-7　引线位置不可改变

（a）变压器引线；（b）扬声器引线　　　（a）电阻符号；（b）继电器线圈

（6）新符号补充。在 GB/T 4728 中比较完整地列出了符号要素、限定符号和一般符号，但组合是有限的。如果涉及标准中未列出的图形符号，允许根据国家标准的符号要素、一般符号和限定符号适当组合，派生出新的符号。

4. 基本文字符号

电气图中采用的文字符号分为基本文字符号和辅助文字符号两部分。基本文字符号主要表示电气设备、装置和电器元件的种类名称，分为单字母符号和双字母符号，见表 1-9。单字母符号用拉丁字母将各种电器设备、装置、电器元件划分为 23 大类（其中"I"、"O"容易与阿拉伯数字"1"、"0"混淆，不允许使用。字母"J"也未采用）。每大类用一个大写字母表示。对标准中未列入大类分类的各种电器元件、设备，则可用字母"E"来表示。

双字母符号由一个表示大类的单字母符号与另一个字母组成，组合形式以单字母符号在前，另一字母（通常选用该类设备、装置和元器件的英文名称的首字母，或常用缩略语及约定俗成的习惯字母）在后的次序标出。例如，"G"表示电源类，"GB"表示蓄电池，"B"为蓄电池的英文名称"Battery"的首位字母。

表 1-9   **常 用 文 字 符 号**

设备和装置类别	名　　称	英文名称	单字母符号	双字母符号
组件部件	天线放大器	Antenna amplifier	A	AA
	控制屏	Control pan		AC
	高压开关柜	High voltage switch gear		AH
	仪表柜、模拟信号板、稳压器、信号箱	Instrument cubicle, Mopboard, Stabilizer, Signal box		AS
从非电量到电量或相反	扬声器、送话器、测速发电机	Loudspeaker, Microphone, Tech generator	B	BR
电容器	电容器、电力电容器	Capacitor, Power capacitor	C	CP
其他元件	发热器件	Heating device	E	EH
	空气调节器	Ventilator		EV
	其他未规定的器件			
保护器件	具有瞬时动作限流保护器件	Current-limiting protecter with instant action	F	FA
	放电器	Discharger, Arcarrester		FD
	避雷器	Arrester		FL
	具有延时动作限流保护器件	Current-limiting protecter with deferred action		FR
	具有瞬时和延时动作限流保护器件	Current-limiting protecter with instant and deferred action		FS
发电机及电源	蓄电池	Storage battery	G	GB
	柴油发电机	Diesel generator		GD
	稳压装置	Constant voltages equipment		GV
	不间断电源设备	Uninterrupted power source		GU
信号器件	声响指示器	Acoustic indicator	H	HA
	电铃	Electrical bell		HB
	蜂鸣器	Buzzer		HZ
接触器、继电器	瞬时通断继电器	Relay	K	KA
	电流继电器	Current relay		KC
	热继电器	Thermo relay		KH
	接触器	Contactor		KM
	时间继电器	Time relay		KT

续表

设备和装置类别	名称	英文名称	单字母符号	双字母符号
电感器、电抗器	励磁线圈	Excitation coil	L	LE
	消弧线圈	Petersen coil		LP
电动机	直流电动机	D. C. motor	M	MD
	同步电动机	Synchronous motor		MS
测量设备、实验设备	电流表	Ammeter	P	PA
	功率因素表	Power factor meter		PF
	温度计	Thermometer		PH
	电压表	Voltmeter		PV
	功率表	Watt meter		PW
电力电路的开关	断路器	Circuit breaker	Q	QF
	刀开关	Knife switch		QK
	负荷开关	Load switch		QL
	隔离开关	Disconnect		QS
电阻器	电位器	Potentiometer	R	RP
	分流器	Shunt		RS
	热敏电阻	Thermostat sensitive resistance		RT
	压敏电阻	Voltage sensitive resistance		RV
控制电路的开关选择器	控制开关	Control switch	S	SA
	开关按钮	Switch button		SB
	主令开关	Master switch		SM
	压力传感器	Pressure sensor		SP
	温度传感器	Temperature sensor		ST
	温感探测器	Temperature detector		ST
变压器	变压器	Transformer	T	
	电流互感器	Current transformer		TA
	控制电路电源用变压器	Transformer for control circuit supply		TC
	电力变压器	Power transformer		TM
调制器、变换器	整流器	Rectifier	U	
	解调器	Demodulator		UD
	调制器	Modulator		UM
	逆变器	Inverter		UV

续表

设备和 装置类别	名　称	英文名称	单字母 符号	双字母 符号
电真空 器件、半 导体器件	二极管	Diode	V	VD
	控制电路用电源整流器	Rectifier for control circuit supply		VC
	晶闸管	Thyristor		VR
	晶体管	Transistor		VT
传输通 道波导、 天线	导线、电缆	Conductor, Cable	W	
	控制母线	Control bus		WC
	抛物天线	Parabolic aerial		WP
	滑触线	Trolley wire		WT
端子、 插头、插 座	输出口	Quilt	X	XA
	分支器	Tee-unit		XC
	插座	Socket		XS
	串接单元	Series unit		XU
电器操 作的机械 装置	气阀	Pneumatic valve	Y	
	电磁铁	Electromagnet		YA
	电动阀	Motor operated valve		YM
	电动执行器	Solenoid actuator		YS
	电磁阀	Electromagnetically operated valve		YV
终端设 备、混合变 压器、滤波 器、均衡器	网络	Network	Z	
	定向耦合器	Directional coupler		ZD
	均衡器	Equalizer		ZQ
	分配器	Splitter		ZS

5. 辅助文字符号

　　电气设备、装置和电器元件的种类名称用基本文字符号表示，而辅助文字符号是用以表示电气设备、装置和元器件已经显露的功能、状态和特征。通常也是由英文单词的前1、2位字母构成，也可采用缩略语和约定俗成的习惯用法构成，一般不超过3位字母。例如，表示"启动"采用"START"的前两位字母"ST"作为辅助文字符号；而表示停止"STOP"的辅助文字符号必须再用一个字母"P"，称"STP"。

　　辅助文字符号也可以放在种类的单字母符号后边组成双字母符号，此时，辅

助文字符号一般采用表示功能、状态和特征的英文单词的第一个字母，如"GS"表示同步发电机，"YB"表示制动电磁铁。

某些辅助文字符号本身具有独立、确切的意义，也可单独使用。如"N"表示交流电源中性线，"DC"表示直流电，"AC"表示交流电，"AUT"为自动，"ON"为开启，"OFF"为关闭等。

6. 数字代码

数字代码的使用方法主要有以下两种：

（1）数字代码的单独使用。数字代码单独使用时，表示各种电器元件、装置的种类或功能，须按序编号，还要在技术说明中对代码意义加以说明。例如，电气设备中有继电器，电阻器、电容器等，可用数字来代替电器元件的种类，如"1"代表继电器，"2"代表电阻器，"3"代表电容器。再如，开关有"开"和"关"两种功能，可以用"1"表示"开"，用"2"表示"关"。

（2）数字代码与字母符号组合使用。将数字代码与字母符号组合起来使用，可说明同一类电气设备、电器元件的不同编号。数字代码可放在电气设备、装置或电器元件的前面或后面。例如，三个相同的继电器可以表示为"1KA、2KA、3KA"或"KA1、KA2、KA3"。若基本文字符号前后都有数字代码，一般前面的表示较大部件或器件的编号，后面则表示较小的部件或零件的编号，如："第二个继电器的三个触点"可分别表示为"2KA1、2KA2、2KA3"。

7. 文字符号使用的几点说明

（1）一般情况下，应优先选用基本文字符号、辅助文字符号以及它们的组合。而在基本文字符号中，应优先选取单字母符号。只有在单字母符号不能满足要求时，才选用双字母符号。基本文字符号不能超过两位字母，辅助文字符号不能超过 3 位字母。

（2）辅助文字符号可单独使用，也可将首位字母放在项目种类的单字母符号后面组成双字母符号。

（3）当基本文字符号和辅助文字符号不够用时，可按相关电气名词术语国家标准或专业标准规定的英文术语缩写补充。

（4）文字符号不适用于电器产品型号编制与命名。

（5）文字符号一般标注在电器设备、装置和电器元件的图形符号上或者近旁。

三、项目及其代号

在电气系统中，项目是可以用一个完整的图形符号表示的、可单独完成某种

功能的、构成系统的组成成分。项目可包括子系统、功能单元、组件、部件和基本元件等，如电阻器、连接片、集成电路、端子板、继电器、发电机、放大器、电源装置、开关设备等都可称为项目。但不可分离的附件、不能单独完成某种功能的部件等不能作为项目。

一个电气系统，从设计、制造、供货、安装到运行，需要各种各样的图纸和电气文件。在各种图纸和文件中需要对系统所包含的各个项目进行表示，就必须给各个项目进行编号，项目的编号称为项目的代号。

在系统中，每个项目的代号必须是唯一的，从而不会造成混乱或混淆。为了保证项目代号的唯一性，项目代号必须按照一定的规划进行划分或分配。项目代号的划分一般是将系统分成多个层次，并按照层次进行划分的。

项目代号是用以识别图、图表、表格中和设备上的项目种类，并提供项目的层次关系、种类、实际位置等信息的一种特定的代码，是电气技术领域中极为重要的代号。由于项目代号是以一个系统、成套装置或设备的依次分解为基础来编定的，从而建立了图形符号与实物间的一一对应关系，因此可以用来识别、查找各种图形符号所表示的电器元件、装置、设备以及它们的隶属关系、安装位置。

此外，一个系统，虽然是电气系统，但却不可避免地要与其他类型的系统发生关系。例如，一个电气系统可包含机械结构，这些机械结构也是项目，在图纸和文件中也需要通过代号进行表示。因此，项目代号是一个结构复杂的代码系统。

1. 项目结构的划分

在项目代号分配之前，首先就得将项目按其所属关系划分为各个层次，建立项目代号的结构系统。例如，一个工厂或系统的图纸（包括简图、表图和表格）、文件中的技术资料和技术产品可以分为许多部分，这些部分又可依次分为更小的部分等，直到不能再继续分下去为止。经过划分，可以得到表示各个项目之间关系的"树"状结构图，如图1-8所示。

在图1-8中，一个系统的项目被分成A、B、C、D、E五个层次。A层为最高层（或最顶层），E层为最低层（或最底层）。每层中都由若干个结点组成，每个结点表示关于某个项目的分资料。最高层A层只有一个结点，称为树状结构的"根"，是整个系统的总体资料。其他各层的结点则为树状结构的"枝"。就像树枝一样，枝上还可再分枝，直到末梢。最底层的结点就是树状结构的末梢，其表示的资料是最为细节的资料。

树状结构的构建过程，就是项目的划分过程。划分过程的步数是任意的，但为使用方便，在不违反划分原则的条件下，步数应最少。这种划分所依据的规

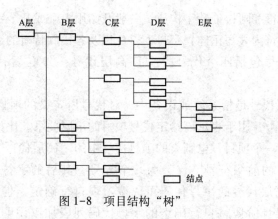

图 1-8　项目结构"树"

则，称为项目的结构划分原则。项目结构划分原则主要有两种：① 按功能原则划分结构；② 按位置原则划分结构。

　　按功能原则划分结构时，是按项目之间的功能关系划分项目的。一个系统可以按照功能划分为：功能系统、功能分系统、功能单元、器件、元件等。对于软件项目（如计算机程序、程序模块、程序单元）应按硬件项目同样方法处理。软件项目一般是按功能原则划分结构的。按功能原则划分的项目结构如图 1-9 所示。

　　按位置原则划分项目结构时，是按项目之间的位置关系划分项目的。如一个厂的系统可以按照位置划分为厂区、分区、楼号、层号、房间、组合件、组件段、模块等。按位置划分的项目结构如图 1-10 所示。

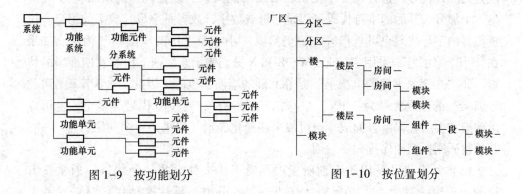

图 1-9　按功能划分　　　　　　　　　　图 1-10　按位置划分

2. 项目代号的组成

　　项目代号可以理解成一个搜寻项目的路径。一个复杂的电气系统，项目可以很多，要找寻具体的项目，就是通过项目代号提供的信息进行的。项目代号的主

要部分是由字符和阿拉伯数字构成，一般开始用一个或几个字符，末尾用一个或几个数字。字符为大写正体，字母 I 和 O 以及各民族特有的字符不应采用。一个完整的项目代号包括四个代号段：① 高层代号；② 位置代号；③ 种类代号；④ 端子代号。

（1）高层代号是指系统或设备中，对代号所定义的项目来说，任何较高层次的项目的代号，用于表示该给定代号项目的隶属关系。比如说，将小李家书房的电脑桌作为一个项目，电脑桌的项目代号中的"高层代号"就是"书房"。

高层代号的前缀符号"＝"为一个等号，其后的字符代码由字母和数字组合而成。高层代号的字母代码可以按习惯自行确定。但设计人员应在电气图的施工图设计阶段将自行确定的字母代码列表加以说明，作为设计说明中的一个内容提供给施工单位和建设单位，以便于读图。高层代号可以由两组或多组代码复合而成，复合时要将较高层次的高层代号写在前。例如，"小李家"用 W1 代码表示，"书房"用 S2 代码表示，则"小李家书房的电脑桌"的高层代号可表示为："＝W1＝S2"，说明这台电脑桌是"＝W1＝S2"的一个项目，或是"小李家书房的"一个项目。"＝W1＝S2"表示的意思就是"小李家书房的"意思。由于小李家的层次比书房的层次高，所以小李家的代码 W1 在书房代码 S2 的前面。在多层次的项目中，高层代号的前缀符号可以合并，只在前面使用一个前缀符号即可。如上面的"＝W1＝S2"，可以简化为"＝W1S2"。

（2）位置代号是用于说明某个项目在组件、设备、系统或者建筑物中实际位置的一种代号。这种代号不提供项目的功能关系。位置代号的前缀符号"＋"是一个加号，其后的字符代码可以是字母或数字，或者是字母与数字的组合。位置代号的字母代码也可自行确定。仍然以"小李家书房的电脑桌"为例，如果在"小李家书房"采用字母 E、W、S 和 N 分别表示东、西、南和北四面墙的位置，而"小李家书房的电脑桌"是靠北面的墙而摆放的。因此，"小李家书房的电脑桌"的位置代号为"＋N"。与高层代号一样，若位置代号有多个，也可以由两组或多组代码复合而成，也可以采用简化表示（只采用一个前缀符号"＋"，其他代码则按照顺序排列在后面）。

（3）种类代号是用于识别所指项目属于什么种类的一种代号。通常只需说明属于哪一种大类，必要时才作进一步的分类。标注这种代号时，只考虑项目的种类属性，与项目的功能无关。种类代号的前缀符号"－"是一个减号，其后的字符代码有专门的国家标准规定。种类代号字符的部分含义见表 1-10。

　　在国家标准中，种类代号字符的含义比较完全，表1-10所列出的只为部分含义（由于种类代号不仅包括电气设备，也包括其他各个方面，因此表中只列出部分含义）。在表1-10中，I、O两个字母不用，D、H、J、L、N、Y和Z等7个字母暂时还未使用，26个英文字母只使用了17个。单就表中的"种类含义"的说明，可能不一定能够完全理解表中的字符种类的含义，这就需要在接触实际电气图后对照、查找而进一步理解了。

表1-10　　　　　　　　　　　　　种类代号字符的部分含义

字符	种类含义	字符	种类含义
A	两种或以上用途（仅供不能鉴别主要用途时用）	N	未用（为将来标准化备用）
B	把某一输入变量转换为供进一步处理的信号	O	不用
C	存储材料、能量或信息	P	提供信息
D	未用（为将来标准化备用）	Q	受控切换或改变能量流等（参考K类和S类）
E	提供辐射能或热能	R	限制或稳定能量、信息或材料的运动或流动
F	安全防护方面	S	把手动操作转变为进一步处理的信号
G	电源或其他能量或信息源	T	保持能量性质不变的能量变换
H	未用（为将来标准化备用）	U	保持物体在一定的位置
I	不用	V	材料和产品的处理（包括预处理和后处理）
J	未用（为将来标准化备用）	W	从一地到另一地导引或输送能量、信号等
K	接收、处理或提供信号（安全防护方面除外）	X	连接物
L	未用（为将来标准化备用）	Y	未用（为将来标准化备用）
M	提供驱动用机械能（旋转或线性运动）	Z	未用（为将来标准化备用）

　　例如，传感器等检测元件的种类代号为B；电容器和蓄电池的种类代号为C；灯及激光器等的种类代号为E；熔断器的种类代号为F；干电池和发电机的种类代号为G；继电器、接触器和电磁阀的种类代号为K；电动机的种类代号为M；信号灯和显示仪表等的种类代号为P；断路器、隔离开关、电力接触器、晶闸管、电机启动器的种类代号为Q；电阻器、电感器和二极管等的种类

代号为 R；按钮、控制开关等的种类代号为 S；变压器、变换器、变频器、整流器等的种类代号为 T；绝缘子的种类代号为 U；滤波器的种类代号为 V；汇流排、电缆、导线、光纤等的种类代号为 W；端子排、连接器、插头等的种类代号为 X。有时也可采用数字作为其代号，数码代号的意义可以自行定义，但必须配有专门的说明。

（4）端子代号是指项目上用作同外电路进行电气连接的电器导电端子的代号。端子代号的前缀"："是一个冒号，冒号后面一般为用数字表示的端子序号，也可为一个字母与数字的组合。项目代号的最后一项就是端子代号。

3. 项目代号的应用

项目代号层次多、排列长，在电气图上标注时不可能也不必要将每个项目的完整代号四段全部标注出来。一般情况下，项目代号的标注原则是"针对项目、分层说明、适当组合、符合规范、就近注写、有利读图"。"针对项目、分层说明"的意思是针对具体的项目，将属于同一层次项目的高层代号统一进行标注（如在标题栏的上方或技术要求栏内说明）。"适当组合"主要是对位置代号而言，而位置代号主要用在接线图中，可以在需要的时候将位置代号段与高层代号段组合，就近标注在表示围框的单元旁或在标题栏的上方标注。也就是说，一般项目的代号都不需要位置代号段，层次相同的高层代号段则统一标注。只要标注符合规范，有利于读图就可以了。

在大部分电路图中，通过上述的组合，通常只剩下种类代号段作为项目代号。一般都在项目的图形符号或图框边就近标注，但接线图中要注意尽量避免标注在有端子的连接线或引线的一边，以避免读图时误将种类代号段与端子代号组合。如果没有端子的连接线或引线的限制，则项目代号通常标注在所表示的项目的上方或左边。在一些高层次的各种电气图中，种类代号可与高层代号组合，或再组合进位置代号（包括设计后期添加的），标注在项目的图形符号或单元的图框近旁。

对于接线图来说，通过上述的组合，项目的代号通常就只剩下端子代号段了。端子代号可以标注在端子符号的近旁；没有专门画出端子符号的，则标注位置应靠近端子所属项目的图形符号旁边。在接线图中，还可将端子代号和种类代号组合，用来表示连接线的本端（在本图中画出的端）或远端（不在本图中而在其他图中画出的端）。标注的方法是将组合后的代号，标在连接线的上方，或者连接线的中断处。

项目代号采用单一代号段标注时，端子代号的前缀"："规定不标出来。其他代号段单独作为项目代号标注时，其前缀既可标出来，也可省略不标。但若是

采用两个或以上代号段作为项目代号时，一般各代号段的前缀都应该标出来，不能省略。只有这样，才能避免误读。

【例1-1】如图1-11（a）、图1-11（b）所示的是某个项目代号的实际标注情况，试说明：① 图1-11（a）、图1-11（b）的标注有什么不同；② 图中的图形符号和标注的项目代号含义。

答：（1）图1-11（a）、图1-11（b）标注不同主要是：图1-11（a）采用集中标注法。将继电器的线圈与两对动合触点画在一起，将表示继电器种类的代号"-K"作为项目代号，集中标注在线圈旁。图1-11（b）采用分散标

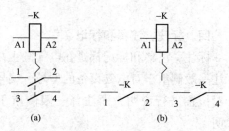

图1-11　［例1-1］图

注法。继电器的线圈与两对动合触点分开在不同的地方画出，每个单独画出的部件都用相同的种类代号段"-K"作为项目代号，分散标注。

（2）图中的图形符号"﹣□﹣"表示继电器的线圈，线圈上面加了一个限定符号"≻"表示该线圈为自动复位功能的继电器，图形符号"﹣╱﹣"表示动合触点，两个动合触点之间及与线圈的虚线表示两个动合触点是由线圈控制的（在此，虚线表示机械联动）。图中的1、2、3和4以及A1和A2分别表示两对动合触点的四个端子代号及线圈的两个端子代号。

【例1-2】某P1系统的项目装在101室内有A、B、C、D四个分机柜，每个机柜又有若干个控制箱组成，如图1-12所示。若设在A机柜的第五个控制箱内有一个电力电容器，编号为16，试写出：① 该电容器的第二个引脚的完整项目代号；② 简化项目代号。

答：该系统高层代号段为"=P1"，位置代号段为"+101+A+5"，电力电容器的种类代码为C，因此种类代号为"-C16"，端子代号为"：2"。因此，该电容器的第二个引脚的完整项目代号为："=P1+101+A+5-C16：2"。

位置代号可以简化为："+101A5"，如果采用组合代码"=P1+101"集中表示101室的项目，则电容器的第二个引脚的项目代

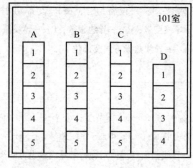

图1-12　［例1-2］图

号可以简化为："+A5−C16：2"。若某张图纸专门用来表示 101 室 A 柜第五号控制箱，且该图纸上集中表示了项目代号"=P1+101A5"，则该电容器的第二个引脚项目代号可以简化为"−C16：2"，或直接在图纸上表示电容器的上方（或左边）用"−C16"标注该电容器的项目代号，在电容器的两个引脚上直接用 1、2 标出其两个引脚的编号。

四、标注、注释和标记

标注、注释和标记都是在电气图上用文字符号对图形符号进行的补充说明。标注一般侧重于对电气设备的型号、编号、容量、规格等的说明；标记一般侧重于对位置进行说明；而注释一般侧重于对除标注、注释之外的其他信息进行说明。

1. 标注

标注是用在电气平面图中，对电气设备的型号、编号、容量、规格等多种信息进行补充表示的文字或文字符号，标注通常标在电气项目图形符号旁边。由于所标注的项目内容不同，国家标准 GB/T 4728.11 规定，为减少标注的文字，保持电气图面清晰，满足使电气图表达符号规范化的要求，应该按照统一的格式进行标注。常见标注的格式见表 1-11。

表 1-11　　　　　　　　常见标注格式示例

类别	标注方式		说　明
用电设备	$\dfrac{a}{b}$ 或 $\dfrac{a}{b}+\dfrac{c}{d}$		a——设备编号；b——额定功率（kW）；c——线路首端熔断器或自动开关释放器的电流（A）；d——标高（m）
电力和照明设备	一般标注方法	$a\dfrac{b}{c}$ 或 a-b-c	a——设备编号；b——设备型号；c——设备功率（kW）；d——导线型号；e——导线根数；f——导线截面（mm^2）；g——导线敷设方式及部位
	需要标注引入线的规格时	$a\dfrac{b-c}{d\ (e×f)\ -g}$	
开关及熔断器	一般标注方法	$a\dfrac{b}{c/i}$ 或 a-b-c/i	a——设备编号；b——设备型号；c——额定电流（A）；i——整定电流（A）；d——导线型号；e——导线根数；f——导线截面（mm^2）；g——导线敷设方式
	需要标注引入线的规格时	$a\dfrac{b-c/i}{d\ (e×f)\ -g}$	

续表

类别		标注方式	说　明
照明变压器		a/b-c	a——一次电压（V）；b——二次电压（V）；c——额定容量（VA）
照明灯具	一般标注方法	$a-b\dfrac{c \times d \times L}{e}f$	a——灯数；b——型号或编号；c——每盏照明灯具的灯泡数；d——灯泡容量（W）；e——灯泡安装高度（m）；f——安装方式；g——光源种类
	灯具吸顶安装	$a-b\dfrac{c \times d \times L}{-}$	
照度检查点	平面	●a	a——水平照度（勒克斯，lx）
	空间	●$\dfrac{a-b}{c}$	a-b——双侧垂直照度，（勒克斯，lx）；c——水平照度（勒克斯，lx）
电缆与其他设施交叉点		$\dfrac{a-b-c-d}{e-f}$	a——保护管根数；b——保护管直径（mm）；c——管长（m）；d——地面标高（m）；e——保护管理埋设深度（m）；f——交叉点坐标
导线型号规格改变		$3 \times 16 \underset{\times}{} 3 \times 10$	示例表示：$3 \times 16mm^2$ 导线改为 $3 \times 10mm^2$ 导线
导线敷设方式改变		$\underset{\times}{} \dfrac{\phi 63cm}{}$	示例表示：无穿管敷设改为导线穿管（63cm）敷设
分线盒		$\dfrac{a-b}{c}d$	a——编号；b——容量；c——（三相的）线序；d——用户数
安装和敷设标高（m）	室内平面，剖面图上	▽±0.000	
	总平面图上±外地面	▼−0.000	
交流电		m~fV	m——相数；f——频率（Hz）；V——电压（V）
电压损失		电压损失率%	
光纤（μm）		a/b/c/d	a——纤芯直径；b——色层直径；c——一次被覆层直径；d——二次被覆层直径

　　表 1-11 只是提供了标注的一般规格。有时为了说明电气设备使用的额定值、其他特性或技术数据，可以适当增加标注的内容，将所增加的内容与表 1-11 的内容组合后进行标注。例如，电力变压器，除了表中规定的一、二次

电压和容量外，还可标注变压器的连接组别和额定频率。如图 1-13 所示的是一台电力变压器的标注。

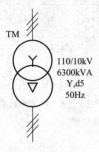

图 1-13　变压器

在图 1-13 中，TM 为电力变压器的文字符号；110/10kV 表示一次绕组额定线电压为 110kV、星形无中性线连接，二次绕组额定线电压为 10kV、三角形连接；6300kVA 表示额定容量（视在功率）6300kVA；Y,d5 表示变压器的连接组别为 Y,d5（连接组别一样是变压器并联运行的必要条件之一，所谓连接组别是表明变压器一、二次侧绕组线电动势相位关系的参数，采用"时钟表示法"，有兴趣的读者可自行参考相关书籍的说明）；50Hz 表示变压器的额定频率为 50Hz。除此之外，变压器的标注有时还可包括型号和额定功率因数等。

2. 注释

在电气图中，如果元器件的某些信息不便于或不能完全用图形符号表达清楚时，可以采用注释的方式进行补充表示。注释有两种方法：一是直接放在所要说明的对象旁边；二是将注释放在图中的其他位置。当图中出现多个注释时，应把这些注释按顺序放在图纸边框附近。如果是多张图纸，一般性的注释可以注在第一张图上，或注在适当的张次上，而所有其他注释应标注在与它们有关的张次上。

在对象旁边进行注释时，既可以采用文字符号注释，也可以采用专门的图形符号注释。当设备面板上有信息标志的图形符号（人-机控制功能的信息标志图形符号）时，则在电路图中相关元件的图形符号旁加上同样的图形符号进行注释即可。用作注释的文字符号和图形符号一般也应采用国家标准颁布的符号。如图 1-14 所示的是某彩色屏幕的部分控制电路。

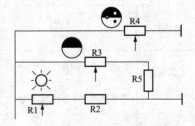

图 1-14　某彩色屏幕的
部分控制电路

在控制设备的面板上，亮度、对比度和色彩饱和度控制按钮旁，分别标有信息标志的图形符号：☼、◑和☺。因此，在其控制电路中，R1 旁加注符号☼，表示 R1 为亮度（或辉度）调节用的注释。同理 R3 旁的符号◑和 R4 旁的符号☺，分别是表示 R3 为对比度调节用、R4 为色彩饱和度调节用的注释。

除了电气元器件外，对于信号传输的电气图，导线传输的信号波形有必要表

示时也可采用注释的方法标出。

3. 标记

电气图的标记一般用于对接线端子、导线和回路的位置进行说明，主要有：接线端子标记、导线标记、回路标号和位置标记等。标记的主要目的是便于对电气图进行识别，同时使复杂而多回路、多系统的电气图能够分开绘制，便于读图。此外，标记还能提供某些其他信息。

（1）接线端子的标记。国家标准 GB/T 4026 规定了识别电气设备接线端子的各种方法，制定了用字母数字组成的系统以识别接线端子和特定导线线端的通则，使用了与各种电气设备和设备组合体的接线端子的识别标记。接线端子的标记也适用于包括电源线、接地接零线、等电位线等特定导线的识别。

与特定导线相连的电器接线端子的标记及特定导线的标记见表 1-12。应该注意的是，交流系统的电源不能称为 A 相、B 相、C 相，而应该称为 1 相、2 相、3 相。在电气图纸上则采用字母符号加数字的 L1、L2、L3，按顺序表示电源的相序。

当电器的接线端子是准备直接或间接地与三相供电系统的导线相连时（同样也不能用 A 相、B 相、C 相来表示），尤其是与相序有重要关系时，应该用字母 U、V、W 来标志。连接中性线、保护接地线、接地线和无噪声接地线的端子必须分别用字母 N、PE、E 和 TE 来标记。保护接地线和中性线共用一线（即保护接零线）时用 PEN 表示。连接到机壳或机架的端子（与保护接地线或接地线不是等电位时）必须用 MM 来标记，等电位的端子必须用 CC 来标记。

表 1-12 中，电气设备与特定导线中的交流供电线连接时，一般 U、V 和 W 分别与 L1、L2 和 L3 对应连接；与特定导线中的直流供电线连接时，一般 C、D 分别与 L+、L-对应连接。在电气图纸上及实际布线时，交流导线的排列顺序是 L1、L2、L3、N 或 U、V、W、N。即：左右排列的三根导线（或汇流排，即母线），左边第一根为 L1 或 U；上下排列时上为 L1 或 U；前后排列时前为 L1 或 U；直流导线的排列顺序是 L+、L-、M。

电器接线端子与特定导线（包括绝缘导线）相连接时，规定有专门的标记方法。电器与特定导线间的相互连接标志用"字母"+"数字"表示，如图 1-15 所示。图中的中间单元可以是控制单元（如：断路器、接触器等）或保护单元（如：热继电器等），也可以是中间的接线端子排。若中间单元不止一个，还可以采用 U3、V3、W3 或 U4、V4、W4 等进行标记。

表 1-12　　　　　　　　　　　　**特 定 导 线 的 标 记**

电器接线端子		特定导线	
名　　　称	标记	名　　　称	标记
交流系统第 1 相	U	交流系统的电源第 1 相	L1
交流系统第 2 相	V	交流系统的电源第 2 相	L2
交流系统第 3 相	W	交流系统的电源第 3 相	L3
交流系统中性线	N	交流系统的电源中性线	N
直流系统正极	C	直流系统的电源正极	L+
直流系统负极	D	直流系统的电源负极	L−
直流系统中线	M	直流系统的电源中间线	M
保护接地	PE	保护接地线	PE
接地	E	接地线	E
无噪声接地	TE	无噪声接地线	TE
等电位	CC	等电位	CC
机壳或机架	MM	机壳或机架	MM
—		保护接地线和中性线共用一线	PEN
—		不接地的保护线	PU

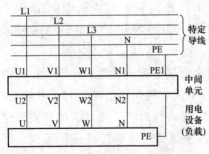

图 1-15　特定导线间的相互连接

（2）导线的标记。绝缘导线标记属于识别标记范畴，可在电气接线图上标记，也可在实际敷设的导线或线束（电缆）上进行标记。绝缘导线标记主要用于导线安装、检修辨识，其标记应与电气图上的标记代码相对应。根据国家标准 GB/T 4026 和 GB/T 4884 规定，对绝缘导线作识别标记的目的是用以识别电路（已敷设）中的导线和已经从其连接的端子上拆下来的导线。这种标记通常标注在导线或线束的两端，必要时也可以沿导线的全长重复间断地标注，且应使这种标记清晰可见（如采用线号环进行标记）。

电气图上的导线标记可分为主标记和补充标记两种。主标记是只标记导线或线束的特征，而不考虑其电气功能的一种标记，必要时，可加注补充标记。补充标记包括：功能标记（如注明用途等）、相位标记（如注明交流某相）、极性标

记（如注明正极、负极）等。采用补充标记时，主标记和补充标记之间一般要求采用符号"/"分隔，"/"前面为主标记，"/"后面为补充标记。

　　主标记又可分为从属标记、独立标记和组合标记三种。从属标记包括从属本端标记、从属远端标记、从属两端标记等。从属标记的分类和示例见表1-13。

表1-13　　　　　　　　　　　导线从属标记的分类和示例

分类	要　求	示　例
从属远端标记	对于导线，其终端标记应与远端所连接项目的端子代号相同。 对于线束，其终端标记应标出远端所连接设备部件的标记	
从属本端标记	对于导线，其终端标记应与所连接项目的端子代号相同。 对于线束，其终端标记应标出所连接设备部件的标记	
从属两端标记	对于导线，其终端标记应同时标明本端和远端所连接项目的端子代号。 对于线束，其终端标记应同时标出本端和远端所连接设备部件的标记	

　　从属远端标记标在已经安装的导线终端（两端），标出与其另一端所连接的端子相同标记；或标记在线束（电缆）的终端，标出与其另一端所连接项目相同的标记。如在表1-13中，"从属远端标记"示例图绘出的两个部件A和D，它们的中间有线束（由一个小方框表示）。部件A的引出线标出的标记为与之相连的远端（另一端）部件D的导线号；部件D的引出线标出的标记为其远端部件A的导线号。两个部件A和D各有三根导线与中间的线束相连：与A部件的35号端子相连的为远端部件D的4号端子。因此，在A部件的35号端子引线上标有导线标记"D4"（表示"从属于远端部件的4号导线"）；同理在D部件的4号端子引线上标有导线标记"A35"。

　　由该示例图还可看出，另外两对相连的导线对为："A36与D1"和"A37与D7"。该示例图中间的"线束"，可以看成是"电缆束"或"穿管的导线束"。对于电缆束或穿管的导线束，我们无从辨别由某一端引入的第一根导线在线束的另一端是第几根引出线。因此"线束"的连接线顺序安排一般不作要求，但只要标出导线的标记，我们不难找到对应的连接线。如该线束与A部件连接端的

第一根导线，从导线标记 D4 看，应该是与 D 部件的第二根导线连接。

线束与部件的连接端头标出的"A"或"D"分别表示：线束的远端（另一端）引出的导线分别与部件"A"或"D"相连。这样标记比较方便检修查线，实际检修时看到的标记为导线或线束的远端连接项目，容易判断具体的导线来自哪里。但这种标记在安装时比较麻烦，需要根据电气图，才能找到本端的连接项目与端子。

从属本端标记位于导线的终端（两端），标出与其所连接端子的相同标记；或位于线束的终端，标出与其所连接项目的相同标记。这种标记与从属远端标记正好相反，比较方便导线的安装，容易判断某导线应与哪个项目连接。但在检修查线时，不能直接判断出该导线的远端项目和端子，需要通过查找电气图，才能获得需要的信息。

从属两端标记位于导线的两端（或位于线束的两端），每端标出的标记既包含与本端所连接端子（或项目）的相同标记，也包含与远端所连接端子（或项目）的相同标记。这种标记方法所使用的标记长度较长。但实际使用比较方便，既方便安装时对导线或线束的辨识，也方便检修时对导线或线束的辨识。

导线标记与其所连接的端子标记无关或线束标记与其所连接的设备标记无关时，称为独立标记。这种标记方式一般只用于连续线方式表示的电气接线图。独立标记的符号通常采用阿拉伯数字。但如何采用，虽然国家标准没有对独立标记数字符号的具体应用作出规定，但一般认为独立标记的数字符号可以参考回路标号的原则和方法，具体可参见下文的回路标号。

组合标记是指从属标记和独立标记一起使用的标记。从属标记和独立标记之间用符号"–"进行分隔。

（3）回路标号。电气图比较大时，用一张图纸的版面一般不能完全表示一个系统。因此，实际电气图纸通常将一个系统分成若干个部分，采用多张图纸分别表示。也就是将一个电气系统分成多个回路，分别在不同图纸上进行绘制。此外，有时考虑到电气图纸版面的要求，也经常将一个电气系统分解成多个回路，并分开绘制在同一张图纸的不同地方。为了便于安装接线和维护检修时读图，需要对每个回路及其元件间的连接线进行标号，以表示各个回路之间的连接关系。电路图中用来标记各种回路种类和特征的文字或数字标号通称为回路标号。回路标号也属于标记的一种，其主要原则有：

1）回路标号一般是按功能分组，并分配每组一定范围的数字，然后对其进行标号。标号数字一般由三位或三位以下的数字组成，当需要标明回路的相别和其他特征时，可在数字前增注必要的文字符号。

2）回路标号按等电位原则进行标注，即在电气回路中连于一点的所有导线，不论其根数多少均标注同一个数字。当回路经过开关或继电器触点时，虽然在接通时为等电位，但断开时开关或触点两侧的电位不等，所以应给予不同的标号。

3）直流一次回路（即主电路）标号一般可采用三位数字，个位数表示极性，1为正极，2为负极。用十位数的顺序区分不同的线段，如电源正极的回路用1、11、21、31…电源负极的回路用2、12、22、32…顺序标注。百位数（只有采用不同电源供电时才有）用来区分不同供电电源回路。例如，第一个电源的正极回路，按顺序标号为101、111、121…电源负极的回路，按顺序标号为102、112、122…第二个电源的正极回路，按顺序标号为201、211、221…电源负极的回路，按顺序标号为202、212、222…

4）交流一次回路的标号一般也可采用三位数字。个位数表示相别，U相为1，V相为2，W相为3。用十位数的顺序区分不同的线段，如U相回路用1、11、21、31…相回路用2、12、22、32…W相回路用3、13、23、33…对于不同电源供电的回路，也可用百位数字的顺序进行区分。

5）直流二次回路（即控制电路或辅助电路）标号从电源正极开始，以奇数顺序1、3、5…直至最后一个主要电压降元件（即承受回路电压的主要元件）；然后再从电源负极开始，以偶数2、4、6…直到与奇数号相遇。交流二次回路标号从电源的一侧开始，以奇数顺序标到最后一个主要电压降元件；然后再从电源的另一侧开始，以偶数顺序标到与奇数号相遇。二次回路的标号如图1-16所示。

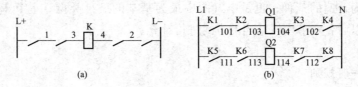

图1-16 回路标号

（a）直流回路标号；（b）交流回路标号

如图1-16（a）所示的直流电路中，L+是电源正极，经过第一个触点后，标号为1；在经过第二个触点后，标号为3。图中的主要电压降元件为接触器线圈。线圈的右侧为电源负极的回路，因此其标号应从电源的负极开始，以偶数进行标注。

如图1-16（b）所示的交流电路中，L1和N分别是三相交流电源第一相的相线和中性线，Q1 和 Q2 是电力系统配电用的断路器线圈。Q1 为第一个电源供电的第一个回路，其标号从 L1 开始，101、103，到达电压降的主要元件 Q1 的线圈。然后从 N 开始，102 到 104 为止。Q2 为第一个电源供电的第二个回路，其标号从 L1 开始，111、113，到达电压降的主要元件 Q2 的线圈。然后从 N 开始，112 到 114 为止。

（4）位置标记。位置标记常用在电路图中分开绘制的同一元件的不同部件，作为查询该元件其他部件的索引。详细介绍可参阅本章第三节及第二章第二节，有关电气图的图幅分区和图区号的说明。

第三节　各种电气工程图画法

本书的主要目标是电气识图，但是不了解各种电气工程图的绘制方法和有关规则就不能真正读懂电气图。也就是说，电气工程图的画法与识读有着很密切的关系。因此，本节在识读具体的工程图之前，从最基本的角度介绍常见电气工程图的基本画法，坚持力求满足识读的原则。至于对各种电气工程图完整绘制规则有兴趣的读者，可自行参考相关国家标准的规定或其他相关书籍的说明。

本节主要将介绍四部分：第一部分为一般规则，主要介绍与常见工程图相关的共性问题；第二至第四部分，则分别介绍概略图和布置图、接线图和接线表及电路图的基本画法。概略图和布置图、接线图和接线表及电路图是在电气工程图中使用最为普遍的三种，也是电气图中最为基本的三种类型。本节未包括的内容，将在以后各章节中以适当的方式进行补充。

一、一般规则

1. 图纸幅面及格式

电气图的完整图面由边框线、图框线、标题栏、会签栏组成。边框线就是图纸的边线，由边框线所围成的整张图纸，称为图纸的幅面。国家标准 GB/T 14689—2008对电气图的幅面尺寸做了规定，幅面分为基本幅面（第一选择）、加长幅面（第二选择）和加长幅面（第三选择）。基本幅面（第一选择）可分为 A0～A4 五种，具体见表 1-14。

幅面代号	A0	A1	A2	A3	A4
尺寸（B×L）	841×1189	594×841	420×594	297×420	210×297
e	10			5	
c	20		10		
a	25				

表 1-14　　　　　　基本幅面（第一选择）与图框尺寸　　　　　　mm

表 1-14 中，B 表示短边的尺寸，L 表示长边的尺寸。从表中所示的图幅尺寸看，A4 图幅最小，A0 图幅最大。A4 图幅的短边为 210mm，长边是短边的 $\sqrt{2}$ 倍，为 $210 \times \sqrt{2} \approx 297$（mm）；A3 图幅的短边等于 A4 图幅的长边为 297mm，A3 图幅的长边是短边的 $\sqrt{2}$ 倍，为 $297 \times \sqrt{2} = 210 \times 2 = 420$（mm）……同理，A0 图幅的短边等于 A1 图幅的长边为 841mm，A0 图幅的长边是短边的 $\sqrt{2}$ 倍，为 $841 \times \sqrt{2} \approx 1189$（mm）。

表中 e、c 和 a 都是图框线与边框线之间的距离。e 是不需要装订时，所有图框线与对应的边框线之间的距离；a 为需要装订时，装订边的图框线与装订边的边框线之间的距离；c 为需要装订时，其他非装订边的图框线与对应的边框线之间的距离。电气图既可采用横排也可采用竖排的图幅。但无论横排或竖排，装订边通常设在左边，幅面及图框线的距离如图 1-17 所示。

在图 1-17 中，标题栏是用以确定图样名称、图号等信息的栏目，相当于图样的"铭牌"，规定应放在图框线内的右下角，与读图方向一致。其最大长度为 180mm，最大宽度为 56mm。标题栏的内容一般可分为四个区：① 更改区；② 签字区；③ 名称及代号区；④ 其他区。各区的布置形式有两种，如图 1-18 所示。

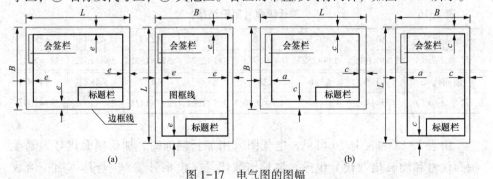

图 1-17　电气图的图幅

（a）不需装订的图幅；（b）需要装订的图幅

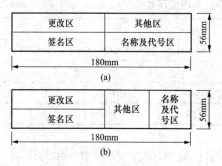

图1-18　标题栏的格式

（a）布置形式1；（b）布置形式2

更改区主要用来记录电气图的修改情况，一般包含内容为：标记、处数、区分、文件号、签名和日期（年月日）。签名区主要用于设计、审核、工艺、批准等责任人员的签名及日期。名称代号区是用来填写拥有该图的单位名称和图样代号等。其他区则可以包含比例、张数和张次等。

对于复杂的电气项目，采用上述基本幅面（第一选择）往往不能满足实际电气图的绘制。为此，国标GB/T 14689—2008还提供两种可供选择的加长幅面（第二选择）和加长幅面（第三选择），见表1-15和表1-16。

加长幅面是在基本幅面的基础上，按一定的规定进行加长的，根据国标GB/T 14689—2008，电气图的幅面总共24个不同的尺寸，其中基本幅面5个，加长幅面19个。A0和A1各有两种加长幅面，A2有3种，A3有6种，A4有4种。加长后电气图幅面尺寸最大的是代号为A0×3的幅面，长达2.5m多，宽近1.2m。

表1-15主要对A3和A4幅面的加长做了规定，表1-16则是对A0～A4所有五类幅面的加长（但不包括表1-15中已经规定的加长幅面）进行规定。

表 1-15　　　　　　　　　　加长幅面（第二选择）　　　　　　　　　　mm

幅面代号	A3×3	A3×4	A4×3	A4×4	A4×5
尺寸（$B \times L$）	420×891	420×1189	297×630	297×841	297×1051

表 1-16　　　　　　　　　　加长幅面（第三选择）　　　　　　　　　　mm

幅面代号	A0×2	A0×3	A1×3	A1×4	A2×3	A2×4	A2×5
尺寸（$B \times L$）	1189×1682	1189×2523	841×1783	841×2378	594×1261	594×1682	594×2102
幅面代号	A3×5	A3×6	A3×7	A4×6	A4×7	A4×8	A4×9
尺寸（$B \times L$）	420×1486	420×1783	420×2080	297×1261	297×1471	297×1682	297×1892

由表1-15和表1-16可见，电气图采用加长幅面时，加长幅面代号为基本幅面代号和加长倍数代号组成，加长倍数代号又由乘号"×"与具体加长倍数（数字）组成。加长幅面代号的短边尺寸为原来基本幅面代号的长边尺寸，加长幅面代号的长边尺寸为原来基本幅面代号的短边尺寸乘加长倍数。例如，幅面代

号 "A3×3"，其基本幅面代号为 "A3"，加长倍数代号为 "×3"。幅面代号 "A3×3" 的短边的尺寸为基本幅面代号为 "A3" 的长边尺寸 420（mm），其长边尺寸为 "A3" 的短边尺寸 297（mm）乘加长倍数 3，即 297×3＝891（mm）。

2. 图幅分区

为便于读图和检索，各种幅面的图样都可以分区。分区方法有两种：通用方式和机床电气设备电路图专用方式，如图 1-19 所示。通用方式分区在图的周边内（即图框线与边框线之间的区域）划定，分区数必须是偶数，每一分区应符合 GB/T 14689—2008《技术制图　图纸幅面和格式》的相关规定。该标准规定分格应为偶数等分，每分长度在 25~75mm 之间。

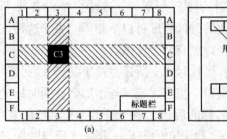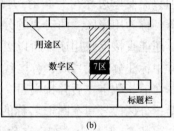

图 1-19　电气图的图幅分区

（a）通用方式；（b）机床电气设备电路图专用方式

如图 1-19（a）所示是采用通用方式的图幅分区。分区的方法是：将竖边划分为若干（偶数）个区，并按照从上到下的顺序用大写拉丁字母作为该区的名称，如图中水平方向的阴影部分为 "C 区"，或称为 "C 行"。将横边也划分为若干（偶数）个区，并按照从左往右的顺序用阿拉伯数字作为该区的名称，如图中垂直方向的阴影部分为 "3 区" 或称为 "3 列"。也就是说，编号的顺序应从标题栏相对的左上角开始，水平方向用数字确定区名，垂直方向用字母确定区名。若水平方向的区为 n 列，垂直方向的区为 m 行，则水平方向的区与垂直方向的区配合使用，可以将整张图纸分成 $n×m$ 个小区。

应该说明的是，对于加长幅面的图纸，图幅分区较多。横边可以采用两位阿拉伯数字作为区名，若竖边超过 26 个拉丁字母则可用双重字母依次编写。例如：A，B，…Y，Z，AA，BB，CC，…。

图幅分区以后，相当于在图样上建立了一个坐标系统。电气图上项目和连接线的位置可由该 "坐标" 唯一地确定。利用这个 "坐标"，就可以进行位置标记。若某个项目在某张图的某个小区中，只要给出该项目的位置标记，就可很方便地找到电气图中的具体项目。位置标记的具体格式可以根据相同图号图纸为单

张或多张的不同，有两种不同的格式。对于单张图纸，位置标记格式为"图号/图区名"；对于多张图纸，位置标记格式为"图号/张次/图区名"。例如，图号为 1234 的图纸有 8 张，在第 6 张图 C3 区的项目，其位置标记可以写成"图1234/6/C3"。如果图号为 1234 的图纸只有 1 张图纸，则该图纸 C3 区项目的位置标记可以写成"图 1234/C3"。

图 1-19（b）所示的是采用机床电气设备电路图专用方式的图幅分区。分区的方法是：只对图的一个方向分区，根据电路的布置方式选定。例如，电路垂直布置时只作横向分区。分区数不限，各个分区的长度也可以不等，主要根据分区内的元器件多少而定，一般是一个支路一个分区。分区顺序编号方式与通用方式时一样，但只需要单边注写，其对边则另行划区，改注主要设备或支电路的名称、用途等，称为用途区。两对边的分区长度可以不相等。由于这种方法不影响分区检索，还能直接反映用途，所以更有利于读图。

在图样中标注分区代号时，分区代号如上所述由拉丁字母和阿拉伯数字组合而成，字母在前、数字在后并排书写。当分区代号与图形名称同时标注时，则图形名称在前，分区代号写在图形名称的后边，中间空出一个字母的宽度。例如，图 1-19（a）的 C3 区域中，有个名称为 P 的图形，分区代号与图形名称同时标注时，格式为："P C3"。P 为图形名称，C3 为分区代号，P 和 C3 之间空出一个字母的宽度。

3. 图线、箭头、字体及其他

（1）图线。电气图上所采用的图线型式主要有：实线、虚线、点划线、双短长线（即双点划线）四种。实线主要用于基本线、简图主要内容用线、可见轮廓线、可见导线等，是导线、导线组、电线、电缆、电路、传输、通路、线路、母线等的一般符号。实线还可分为粗实线和细实线，粗实线主要用于可见轮廓线、可见棱边和主电路的导线等；细实线则可用于相交假想线、尺寸线、投影线、指引线、剖面线、在原位旋转部分的轮廓线、短中心线及控制电路和辅助电路中的导线等。虚线则主要用于辅助线、不可见轮廓线、不可见导线、计划扩展内容用线，可用来表示屏蔽线、护罩线、机械（液压、气动）连接线、事故照明线等。虚线也可以有粗细之分，且其表达的含义相同，但一张图中一般仅采用一种虚线。点划线主要表示分界线、结构围框线、功能围框线、分组围框线，也可用来表示电力或照明用的控制及信号线路。点划线又分为粗点划线和细点划线，粗点划线表示有特殊要求的图线或面；细点划线则主要表示中心线、对称线和轨迹线等。双短长线表示辅助围框线（图框中套装的围框），也可表示 50V 及以下的电力或照明线路。

　　点划线和双短长线构成的围框如图 1-20 所示。当需要在图上显示出图的某一部分，如功能单元、结构单元、项目组（电器组、继电器装置）时，可用点划线围框表示。为了图面的清晰，围框的形状可以是不规则的。如图 1-20（a）所示，继电器-K 由线圈和三对触点组成，用一围框表示其组成关系更加明显。用围框表示的单元，若在其他文件上给出了可供查阅其功能的资料，则该单元的电路等可简化或省略。如果在图上含有安装在别处，而功能与本图相关的部分，这部分可加双短长线图框，如图 1-20（b）所示。

　　除此之外，电气图中的图线型式还有带锯齿波的细实线（直线）和徒手画的细实线，都表示局部的或断开的视图或剖面的界限，但徒手画的细实线一般只适用于机械制图。

　　图线的宽度（mm）主要有：0.25、0.35、0.5、0.7、1.0 和 1.4 六种，它们的公比为 $\sqrt{2}$。一张电气图内通常只选用两种宽度的图线，粗线的宽度为细线的 2 倍。当需要用两种以上宽度的图线时，线宽应以 2 的倍数依次递增。此外，为了确保图样缩微复制时的清晰度，平行图线的间距不应小于粗线宽度的 2 倍，同时不小于 0.7mm。

　　（2）箭头与指引线。电气图上所采用的箭头有四种：空心箭头、实心箭头、开口箭头和普通箭头，如图 1-21 所示。空心和实心箭头用于说明非电过程中材料或介质的流向，如空心箭头可表示气流，实心箭头可表示液流。开口箭头用于信号线、信息线、连接线，主要表示信号、信息、能量的传输方向。普通箭头用于说明可变性、可调节性、运动或力的方向，也是指引线和尺寸线（参见图 1-22）的一种末端表示型式。

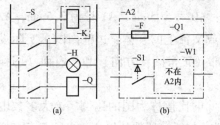

图 1-20　点划线围框

（a）点划线围框；（b）双短长线围框

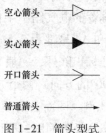

图 1-21　箭头型式

　　指引线用于将文字或符号引注至被注释的部位，用细的实线画成。必要时可以弯折一次。指引线的末端有四种标记型式，应该根据被注释对象在图中的不同表示方法选定，如图 1-22 所示。当指引线末端恰好指在被注释对象的轮廓线上

时，指引线末端应画成普通箭头，指向轮廓线，如图 1-22（a）所示；当指引线末端须伸入被注释对象的轮廓线内时，指引线的末端应画一个小的黑圆点，如图 1-22（b）所示；当指引线末端指在不用轮廓图形表示的对象上时，例如导线、各种连接线、线组等，指引线末端应该用一短斜线示出，如图 1-22（c）所示；当指引线末端指在尺寸线上时，指引线末端既不用圆点也不用箭头，如图 1-22（d）所示。

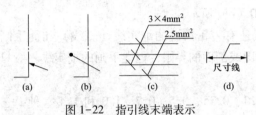

图 1-22　指引线末端表示

（a）指在轮廓线上；（b）伸入被注释对象；

（c）指在导线上；（d）指在尺寸线上

（3）字体。电气图中的文字、字母和数字是电气图的重要组成部分，主要包括汉字、拉丁字母及数字。对字体总的要求是易于辨认，便于书写，适当注意美观。书写时应做到字体端正、笔划清楚、排列整齐、间隔均匀。国家标准规定，除责任者本人的签字外，图样中的所有汉字都应写成长仿宋体，并应采用国家正式公布推行的简化字。字体的大小用号数表示，字号就是字的高度，单位为 mm，按公比 $\sqrt{2}$ 共分 7 种字号：20、14、10、7、5、3.5、2.5。字宽约等于字高的 2/3。字母和数字分直体、斜体两种，同一张图内应只用其中的一种。斜体字的字头向右倾斜，与水平线约成 75°。它们与汉字采用相同的字号，但字的宽度可根据实际情况确定，要求匀称。

实际图面上字体的大小一般依图幅而定。字体高度（包括字母和数字高度）应至少 10 倍于构成字母（或数字）的图线宽度。为了适应电气图缩微的要求，国家标准推荐的电气图中字体的最小高度：A0 号为 5mm，A1 号为 3.5mm，A2 号、A3 号和 A4 号都为 2.5mm。电气图中或文件上的字体，边框内图示实际设备的标记或标识除外，一般采用从文件底部（正常阅读方向）和从右面（图样顺时针转 90°的方向）两个方向来读。

（4）比例。图面上图形尺寸与实物尺寸的比值称为图的比例。绝大多数电气图都是示意性的简图，所以不涉及电气设备与元、器件的尺寸，也就不存在按比例绘图的问题。某些接线图（如单元接线图）为清楚地表示各端子的连接情况，需要画出元器件的简单外形。在这种情况下，所画外形也只起示意作用，相当于一个图形符号，因此也不必按实际尺寸及比例画出。在电气图的分类上，通常需要标注尺寸的只有两种：一种是位置图，另一种是印制板零件图与装配图。通常都按缩小的比例来绘制，可选的比例主要有：1：10，1：20，1：50，

1∶100，1∶200 和 1∶500。标题栏内应将绘图时采用的比例填写在规定的位置。

4. 电气图的表示方法

如本章第二节所述，电气图有五大类、19 种，各种电气图的表示方法一般是不同或至少是有差别的。具体的差别将在介绍具体电气图中介绍，这里仅就相对较有共性的电路布局和电路中的导线表示法进行说明。

（1）电路的布局。在电气图中，电路的布局有两种：水平布置和垂直布置，如图 1-23 所示。图 1-23（a）为水平布置，电路图中各支路呈水平排列；图 1-23（b）为垂直布置，电路图中各支路呈垂直排列。

不论何种布置，一般都应以尽量方便阅读为原则。也就是说，电

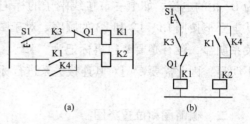

图 1-23　水平和垂直布置
（a）水平布置；（b）垂直布置

路或元件应按功能布置，并尽可能按其工作顺序排列。对因果次序清楚的简图，尤其是电路图和逻辑图，应该根据元件的动作顺序和信号流的通道安排布局顺序。电路图的布局顺序是按照元件的动作顺序，从左到右和从上到下排列的。逻辑图的布局顺序是按照信号流的通道，正（前）向通路上的信号流方向应该从左到右或从上到下，反馈通路的方向则是从右到左或从下到上。

（2）电路图中的导线表示法。每根连接线或导线用一条图线表示的方法，称为多线表示法。两根或两根以上的连接线或导线只用一条线表示的方法，称为单线表示法。一个图中，若一部分采用单线表示法，另一部分采用多线表示法，则称为混合表示法。如图 1-24 所示。

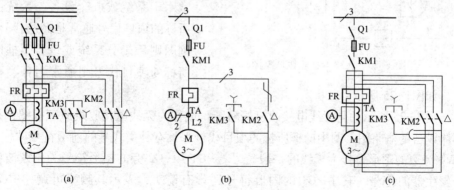

图 1-24　电路图中的导线表示法
（a）多线表示法；（b）单线表示法；（c）混合表示法

在图1-24中，Q1为空气断路器，FU为熔断器，KM1～3为接触器，KH为热继电器，TA为电流互感器，A为电流表。其中图1-24（a）为多线表示法，是电气原理图最常采用的表示法；图1-24（b）和图1-24（c）分别为单线表示法和混合表示法，是系统图或概略图常用的表示方法。

其中，在图1-24（b）的TA连接处还标有"L2"，表示电流互感器检测的为L2相的电流。如上一节接线端子的标记所述，一般而言，电源线的排列为：从上到下按照L1、L2和L3的顺序。对于图1-24（a）和图1-24（c），TA连接关系明显，没有必要专门再标记为"L2"。而从图1-24（b）看，TA连接关系不明显，因此需要专门对其连接关系进行标记。

二、概略图和位置类图

1. 概略图

概略图是表示系统、分系统、装置、部件、设备、软件中各项目之间主要关系和连接的相对简单的简图。主要采用符号或带注释的方框概略表示系统或分系统的基本组成、相互关系及其主要特征。

概略图的主要用途有两个：① 为进一步编制详细的技术文件提供依据；② 为操作和维修提供参考，使操作者或维修人员对整个系统或分系统相互之间的关系有一个比较全面的认识，从而能对某一操作对系统的影响有一正确的判断或对某个故障现象的原因有个总体的估计。

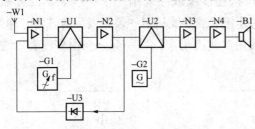

图1-25 无线电接收机概略图

概略图又称为系统图或框图，系统图和框图两者间原则上没有区别。在实际使用中，系统图通常用于系统或成套设备，系统图所标的项目代号通常是高层代号；框图则用于分系统或设备，框图所标的项目代号则通常为种类代号，如图1-25所示。

图1-25所示的是无线电接收机概略图，或称为无线电接收机原理框图，是具体设备的概略图。图中的框所标的项目代号都具有种类代号的前缀符号"－"。－W1旁边的图形符号为天线的一般符号；－G1和－G2旁的图形符号为正弦波信号发生器的符号，其中－G1的图形符号还带有箭头，表示其频率可调；－N1、－N2、－N3和－N4的图形符号是放大器的一般符号，符号框内的三角形表示信号输出的方向；－U1和－U2的图形符号为调制器、解调器或鉴别器的一般符号；

–U3 的图形符号为检波器的符号。知道这些符号表示的意思后，图 1-25 所示的无线电接收机的基本组成、相互关系及其主要特征就一目了然了。

概略图中的方框符号是用以表示元件、设备等的组合及其功能，既不给出元件、设备的细节，也不考虑所有连接的一种简单的图形符号。"框"是概略图中的主要内容，框的内涵应随图的表达层次不同而不同。较高层次的图一般只反映对象的概况，可用带说明其功能或组成文字的单元实线线框表达。较低层次的图可将对象表达得较为详细一些，例如，可用包含若干图形符号并附有简要文字说明的单元实线线框表达，或者用能反映若干图形符号间连接关系的点划线围框表达，必要时还可标注围框及围框内各图形符号的项目代号（但大多数情况下为直接用方框符号表达），若干具有相同组成部分的围框还可采用简化画法表示。

图 1-26 所示的是概略图的注释示例。其中，图 1-26（a）中注释的符号为通用的电气图用图形符号，较详细地表示了框内各主要元件的连接关系：电源输入，经隔离开关、电流互感器、负荷开关、隔离开关，至输出，一组避雷器和一组接地隔离开关并联，一端接电源，另一端接地。图 1-26

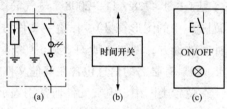

图 1-26 概略图的注释
(a) 用电气符号注释；(b) 用文字注释；
(c) 用电气符号与文字结合注释

(b) 中采用文字注释，主要表示该框的功能是作为时间开关用的。图 1-26（c）中采用符号与文字相结合的方式注释。该框用两个符号（一个按钮，另一个信号灯）注明了元件的组成，同时用文字注明了该框的功能是"ON/OFF（开/关）互相切换，并给出一定的信号"。

概略图对布图有较高的要求，强调布局清晰，有利于识别过程和信息的流向。基本流向应是自左至右或自上至下，只有在某些特殊情况下方可例外。用于表达非电过程中的电气控制系统或电气控制设备的概略图，可以根据非电过程的流程图绘制。但一般要求控制信号流向应与过程流向垂直绘制，以利于识别。

要表达过程和信息的流向时，还可在框与框之间的连线上用箭头表示。根据国家标准电信号流向用开口箭头表示，非电过程或信息的流向用实心箭头表示。

2. 位置类图

如上一节的表 1-3 所示，位置类图包括总平面（布置）图、安装（布置）图、安装（布置）简图、装配图和布置图等，它是表现各种电气设备及其平面与空间的位置、安装方式及其相互关系的图纸。位置类图的主要用途是示出各种电气物件相对位置或绝对位置和（或）尺寸的信息和其他必要的相关信息。同

时，为电气设备的安装和维护检修提供依据。这些依据可以包括：① 安装管道、导管、机架等；② 敷设导线和电缆；③ 设备固定；④ 设备互联；⑤ 安装检验；⑥ 其他。共六个方面。位置类图可以借助于物件的简化外形、物件的主要尺寸和（或）它们之间的距离、代表物件的符号等来表达和绘制。

位置类图的布局应清晰，以便易于读取和理解其所包含的信息。在电气设备的位置类图中，为了避免一些不必要的内容造成电气图过分拥挤，一般并不示出非电物件的信息。只有当非电物件的信息对理解文件和安装电气设施十分重要时，才应把它们示出。而一旦示出非电物件的信息，则应采取一定的措施使非电物件的信息与电气物件的信息有明显的区别。

位置类图通常要求按照实际的比例绘制，因此应该选择适当的比例尺和表示法（见 GB/T 4728·11—2008《电气简图用图形符号　第 11 部分建筑安装平面布置图》中的图形符号），以避免文件过于拥挤。书写的信息应置于与其他信息不冲突的地方，例如在所有文件中的固定部位（最好在主标题栏上面的右上方）。如果有必需的信息包含在其他文件中（如安装说明），则应在文件上注出。

在位置类图中，电气元件通常用表示其主要轮廓的简化形状或图形符号来表示。在安装文件中，使用的符号应从 GB/T 4728《电气简图用图形符号》中选取。安装方法和（或）方向应在位置类图中表明。若元件中有的项目要求不同的安装方法或方向，则可以在图形符号旁边用字母特别标明。例如：H＝水平，V＝垂直，F＝齐平，S＝表面，B＝地，T＝天花板。如有必要，还可以定义其他字母。字母可以组合使用，但定义的其他字母应在文件或相关文件中加以说明。对于较复杂的位置类图，可采用单独的概念图解（小图）和（或）简短的文字描述进行说明。对于大多数电气元件，如果没有标准化的图形符号，或者符号不实用，则可用其简化外形来表示。在位置类图中，如果需要非电气元件的图形符号，则应从相关的 ISO 出版物、GB 出版物中选取。

为了满足布局清晰的要求，位置类图一般尽量避免示出导线，需要示出导线时通常也采用单线表示法绘制。只有当需要表明复杂连接的细节时，才采用多线表示法。连接的导线应该明显地区别于表示地貌、结构和建筑内容用线。区别的方法有主要有三种：① 采用不同的线宽或墨色以区别于图线；② 在墙的断面上画剖面线或阴影线；③ 采用合适的项目代号进行区别。当平行线很多出现拥挤时，可采用简化方法（如画成线束或中断连接线）对导线进行表示。

复杂设施的位置类图可以应用项目代号系统进行检索。此时，可在每个图形符号旁标注项目的检索代号。对于未规定综合项目代号系统的场合，可应用一种简化系统来对电路元件进行分组，但应在每一种（套）的文件中进行说明。在

位置类图中，项目代号应以清楚无误的方式标注元件。

位置类图中的各个元件技术数据（额定值）通常应在元件表中列出。为清晰起见，或者为了表示与其他绝大多数项目不同的项目，也可把特征值标注在图中的图形符号和项目代号旁，如图 1-27 所示。其中：图 1-27（a）表示 3 盏荧光灯，每盏 36W；图 1-27（b）表

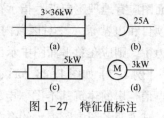

图 1-27　特征值标注

示某专用插座，其额定电流为 25A；图 1-27（c）表示某电热元件，额定功率为 5kW；图 1-27（d）表示某交流电动机，额定功率为 3kW。

实际位置类图包括的范围很广，可包括有任何大小的电气设备或元件的任何安装区域或对象。例如，可以包括大到场地、建筑物等，小到机柜或印刷电路板等。对于具体的电气设备，根据设备的复杂程度不同，实际位置类图的种类和数量存在很大的差异。一般而言，较大型设备的位置类图可根据场地的不同分为三大部分：① 场地上设备配置的位置图；② 建筑物（或其他物体）内设备配置的位置图；③ 部件内（上）的位置图。①和②这两部分的位置类图一般都包含有：布置图（安装图）、安装简图、电缆路由图（平面图）和接地平面图（或接地平面简图）四种。部件内（上）的位置图则主要有装配图和布置图两种。这些图的名称虽然可以一样，但在不同的所属部分中的具体要求存在一定的差别。本书作为电气识图的基础，不拟对其进行详细介绍，下面仅就其部分要求和特点进行说明，最后以一个位置类图的示例进行说明。有兴趣的读者可参考专门的国家标准或有关书籍进一步研究。

一般而言，位置类图是以建筑物图为基础进行设计绘制的，因此要求供电气安装用的建筑物图上应提供的信息有：① 用平面图和剖面图示出房间、机舱、走廊、孔道、窗、门等的外形和结构细节；② 建筑障碍物，如结构钢梁和柱；③ 楼层或盖板的负荷容量（若有必要时）和对切割、打孔或焊接的限制；④ 专用设施如升降机、吊车、供热、冷却和通风系统的房屋；⑤ 其他对电气安装较重要的设备；⑥ 存在的危险区；⑦ 接地点等。

电气控制的对象包含机械设备，电气设备的位置不可避免地与设备的机械部件有关，电气位置类图绘制时也需以机械部件布置图为依据。因此，要求机械部件布置图应该提供：① 可资利用的空间和所需出入通道；② 固定方法；③ 导线路径和（或）固定方法；④ 出入点；⑤ 绝缘状况；⑥ 封装要求；⑦ 接地点等。

具体绘制时，对于不同的位置类图还有不同的要求。对于总平面图，除了要求标明所采用的比例尺外，其他主要要求为：① 总平面图应示出地貌或建筑物

场地的形态，以及用以规划电气设施和安装电气设备所需的全部信息等；② 总平面图应有地理定向点、指示符、建筑物的位置和外形、交通区、服务网络、主要项目和边界等；③ 对区域内的设施有任何重大影响的邻近设施，如电力线或电力桥，则应在总平面图中示出。

　　【例1-3】 如图1-28（a）、（b）、（c）、（d）所示的分别是某设备的开关柜及电信柜房的建筑基本图、电缆路由图、照明平面图和开关柜及电信柜的布置图，试说明各图中所表示的有关信息。

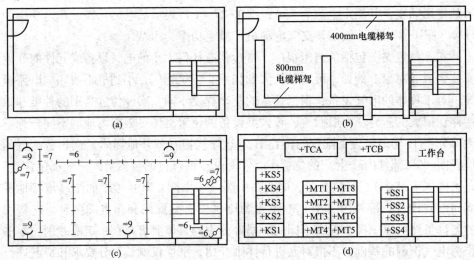

图1-28　开关柜及电信柜房的位置类图
(a) 建筑基本图；(b) 电缆路由图；
(c) 照明平面图；(d) 开关、电信柜布置图

　　答：图1-28（a）所示为建筑基本图，图的左上角为一扇门，右下角为楼梯。图1-28（b）所示为电缆路由图，图中有两路电缆梯驾，底下一路为800mm电缆梯驾，穿过下面的墙进入，分为两个分支。上面一路为400mm电缆梯驾，有两路进入的位置，一路从下面的墙进入，另外一路从右边的墙进入。图1-28（c）所示为照明平面图，图中表明：房间内共有四个插座，分别标有高层代号"=9"，荧光灯共有五路。四路为垂直走向，分别由两个控制开关进行控制。荧光灯和控制开关的高层代号都为"=7"。水平走向的一路还包括楼梯夹层的一盏荧光灯，也由两个控制开关（一个在楼梯的夹层，另一个在楼梯口）进行控制，此路照明的荧光灯和开关都标注有高层代号"=6"。图1-28（d）所示为电气物件的布置图，在布置图中除了工作台直接采用中文标出外，其他项目的

代号都采用位置代号的前缀 "+"。虽然这些项目代号需要通过阅读专门的说明文件才能明白其具体内容，但从代号的组成字母还是可以得到一定的信息的。如 "+TCA、+TCB" 应该为电信柜，"+KS1～5" 应该为起动控制开关柜，"+SS1～4" 应该为电源开关柜，"MT1～8" 应该为参数测量柜。

三、接线图和接线表

1. 接线图（表）概述

以图样形式表示成套装置、设备或装置等项目之间连接关系的略图，称为接线图。如果项目之间连接关系采用表格形式表示，则称为接线表。接线图的主要用途是提供各个项目之间的连接信息，作为设备装配、安装和维修的指导和依据。

在接线图中，可以提供的信息主要有八个方面：① 识别每一连接的连接点以及所用导线或电缆的信息；② 导线和电缆的种类信息，如型号、牌号、材料、结构、规格、绝缘颜色、电压额定值、导线板及其他技术数据；③ 导线号、电缆号或项目代号；④ 连接点的标记或表示方法，如项目代号、端子代号、图形表示法、远端标记；⑤ 敷设、走向、端头处理、捆扎、绞合、屏蔽等说明或方法；⑥ 导线或电缆长度；⑦ 信号代号和（或）信号的技术数据；⑧ 需补充说明的其他信息。当然，并不要求每张具体的接线图都一定要提供这些信息。

接线图提供的信息以表示清楚为原则。为了清楚表示项目之间的连接关系，要求采用位置布局法绘制接线图。但项目的实际大小则不要求按比例绘制，因为这已经不是接线图表示的内容了。接线图的元件应采用简单的轮廓（如正方形、矩形或圆形）或用其他简化图形表示，也可采用 GB/T 4728 中规定的简图符号，以确保图面的清晰和突出其所表示的内容。接线图的端子一般可不采用端子的图形符号，但应表示清楚。

根据上一节的表 1-4 可知，接线类图主要有接线图（表）、单元接线图（表）、互连接线图（表）、端子接线图（表）和电缆图等。其实，接线图是接线类图的总称，单元接线图、互连接线图、端子接线图和电缆图等都是接线图的分类。而这样的分类，只是它们表示连接的对象不同而已。各种接线图的表示方法基本一样，但侧重点有所区别，下面分别进行说明。

2. 单元接线图（表）

单元接线图（表）表示的是单元内部各项目的连接情况，如图 1-29 所示。单元接线图（表）通常不包括单元之间的外部连接，但可给出与之有关的互连

接线图的图号。

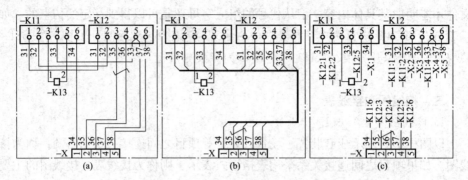

图 1-29 导线的表示

（a）连续线段表示；（b）用导线束表示；（c）中断线段表示

在单元接线图中，连续线表示端子之间实际的导线，导线组、电缆、电缆束等都可用单线表示。如单元或装置含有多个导线组、电缆、电缆束，可把它们彼此分开并标以不同的项目代号。也可以采用连续线段将每根导线表示出来，如图 1-29（a）所示。图 1-29（b）所示的是采用线束的表示方法，虽然导线仍然采用连续线段表示，但连续线表示的主要是线束，只有在与单元连接时，从线束到单元的端子之间，线段才表示导线。导线不一定都采用连续线表示，也可采用中断的线表示，但必须采用其他方法表示其连接关系，如图 1-29（c）所示。

在图 1-29（a）所示的单元接线图中共有四个项目。项目-X 是单元的接线端子。-K11、-K12 和-K13 则是单元的另外三个项目，其中-K13 只是一个电阻器，但它却是一个独立的项目。

在单元接线图中，导线采用编号进行标注。与项目-K12 的端子"3"和"4"连接的导线上有一个符号"⌣"，表示这两条导线是绞合线。项目-K13 虽然只是一个电阻器，只有两个接线端子，但仍然要用"1"和"2"对其端子进行编号。

图 1-29（b）所示的是采用线束（加粗的线段）绘制的同一单元接线图。在图中项目连接关系用线束表示，线束到项目的连接则用分支的线段表示。为了表达导线的走向，从线束分离的导线应采用逐渐分开的方式进行表示。如图中与-K11 项目端子"1"、"2"、"4"和"6"相连的导线"31"、"32"、"33"和"34"是从线束分离出来的，这四条导线都通过线束向右行走，与其他项目连接。因此，表示这四条导线的线段在靠近线束时逐渐向右边弯曲，逐渐与线束靠近。而与-K12 的端子"1"、"2"和"5"相连的三根导线（编号为"31"、

"32"和"33"）是往左边行走，与项目-K11相连的。因此，这三条线靠近线束时逐渐向左边弯曲，逐渐与线束靠近。在同一张图中，采用线束表示的绞合线，可以只进行一次符号标注（如图中在-X端标注）。

图1-29（c）所示的是采用中断线表示的同一单元接线图。在图中，中断线端采用远端标注方式，标注与其所连接的导线端子的代号。如项目-K11的1号端子与-K12的1号端子连接，则在项目-K11的1号端子连线端标注代号"-K12：1"，在项目-K12的1号端子连接端标注代号"-K11：1"。这样识读时就能够很快找到各端子之间的连接关系，尤其是在连接线较多的场合，可以避免导线过多而造成图面拥挤的现象。

单元内部的连接关系也可采用单元接线表进行表示。表1-17所示的单元与图1-29所示的单元是相同的单元。

表1-17　　　　　　　　　**以连接线为主的单元接线表**

线号	连接点一			连接点二			附注
	项目代号	端子号	参考	项目代号	端子号	参考	
31	-K11	1		-K12	1		
32	-K11	2		-K12	5		
33	-K11	4	37	-K12	5		
34	-K11	6		-X	1		
35	-K12	3		-X	2		绞合线
36	-K12	4		-X	3		绞合线
37	-K12	5	33	-X	4		
38	-K12	6		-X	5		
—	-K11	3		-K13	1		
—	-K11	5		-K13	2		

表1-17所示的单元接线表是按连接线号顺序排列的，因此称为以连接线为主的接线表。接线表还可以采用以端子为主的表示形式，不过以端子为主的表示形式主要用于端子接线图（表）中，单元接线图（表）大多采用以连接线为主的表示形式。

在表1-17表示的单元内部，共有10根连接线。其中，-K11和-K13之间的两根连接线很短，可不进行编号，另外的8根连接线采用独立标记法进行编号，按顺序编为31~38。以连接线为主的接线表就以这个编号顺序排列。在表中的"参考栏"内标注的主要是等电位导线的不同线号。如在图1-29中，项目-K12

的第五个端子同时连接线号为"33"和"37"的连接线。在表1-17中，线号为33的连接线的"参考栏"内标有数字"37"，意思是说，可参考线号为37的连接线。由线号为33和37的两根连接线所连接的端子，可以看出，是一个共同的接线端子，那就是-K12的第五号端子。

接线表的"附注栏"主要表示连接线的其他信息，如："短接线"、"绞合线"、"屏蔽"、"屏蔽接地"等其他信息。由图1-29可以看出，线号为35和36的两根连接线，采用绞合线符号⌒表示，在表1-17应将此信息表示出来。因此，对应连接线号为35和36的"附注栏"标注有"绞合线"字样。绞合线可采用字母"T"替代，若有多对绞合线，还可采用下标以示区别。

3. 互连接线图（表）

互连接线图（表）表示单元之间的连接关系，一般不包括各单元内部的连接关系。各单元采用点划线围框表示。单元之间的连接线既可用连续线表示，也可用中断线表示，如图1-30所示。

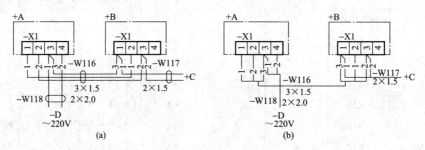

图1-30　互连接线图
（a）多线表示法；（b）单线表示法

图1-30（a）所示的是采用多线表示的两个单元的互连接线图。图中两个单元+A和+B采用的都是位置代号，单元内部的接线端子排的代号由位置代号和种类代号两部分组成，分别为：+A-X1和+B-X1。图中总共有三条电缆，电缆代号分别为-W116、-W117和-W118。电缆-W118连接+A单元和-D单元（图中未画出，可以理解为另外一张图纸上的单元），该电缆为双芯电缆，导线规格为2.0mm^2。该电缆的两根导线上有一个椭圆形的环状符号，表示该电缆为屏蔽电缆。在电缆的端部还有标注"~220V"，表示该电缆两条芯线之间的电压为交流220V。电缆-W116和-W117也都是屏蔽电缆，-W116是三芯1.5mm^{2}的电缆。-W117则为两芯1.5mm^{2}的电缆。-W117的一端与+B单元连接，另一端则与+C单元连接。单元与电缆连接的导线标注的是电缆芯线的编号。图1-30（b）所示的内容与含义和图1-30（a）一样，只不过电缆采用单线表示。当然电缆也可采

用中断的线段表示，但中断线的端部需进行标注，以表明电缆的另外一端所连接的项目。

在图 1-30 所示的互连接线图中还可标注电缆信号，也可在其他专门文件中说明或标注。图 1-30 所示的互连接线图也可采用表格的形式来表达。用以表示单元之间相互连接关系的表格称为互连接线表，如表 1-18 所示。

表 1-18 是以连接线为主的互连接线表，表中按电缆项目代号的顺序排列。电缆型号栏标注的是电缆的型号；电缆芯线号标注的就是电缆芯线的项目代号；连接点的备注栏中标注的是参考芯线的代号（表明与该芯线相连的端子同时还连有其他芯线）；总的备注栏内标注的则是其他需要说明的问题或信息。

表 1-18   以连接线为主的互连接线表

电缆型号	电缆芯线号	连接点						备注
		项目代号	端子代号	备注	项目代号	端子代号	备注	
H05VV-U3×1.5	-W116	+A-X1			+B-X1			
	-W116.1		1			2		
	-W116.2		2			3	-W117.2	
	-W116.3		3	-W118.1		1	-W117.1	
H05VV-U2×1.5	-W117	+B-X1			+C-X1			项目+C 连接线
	-W117.1		1	-W116.3				
	-W117.2		3	-W116.2				
H05VV-U2×2.0	-W118	+A-X1			-D			辅助电源 AC 220V
	-W118.1		3	-W116.3				
	-W118.2		4					

4. 端子接线图（表）

端子接线图（表）表示单元和设备的端子及其与外部导线的连接关系，通常也不包括单元或设备的内部连接，但可提供与之有关的图纸图号。从字面上看，互连接线图和端子接线图表示的都是单元的外部接线情况，但互连接线图侧重于单元之间的相互连接关系，而端子接线图则侧重于端子与外部所有导线的连接关系。在一张互连接线图中一般布置有多个单元，而在一张端子接线图中则一般只包含一个单元。

与前面所述的其他接线图（表）相似，一个单元端子接线关系的表示可以用图样表示，也可用表格表示。用图样表示时称为端子接线图，用表格表示时称为端子接线表。图 1-31 所示的是两个单元的端子接线图，采用端子接线表表示时，如图 1-32 所示。

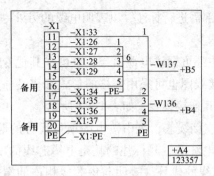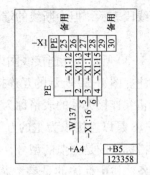

图 1-31　端子接线图

电缆号	芯线号	端子代号	远端标记	备注
-W136			-B4	
	PE	-X1:PE	-X1:PE	
	1	-X1:11	-X1:33	
	2	-X1:17	-X1:34	
	3	-X1:18	-X1:35	
	4	-X1:19	-X1:36	
	5	-X1:20	-X1:37	备用
-W137			+B5	
	PE	-X1:PE	-X1:PE	
	1	-X1:12	-X1:26	
	2	-X1:13	-X1:27	
	3	-X1:14	-X1:28	
	4	-X1:15	-X1:29	
	5	-X1:16	-	备用
	6	-	-	备用

+A4
551257

电缆号	芯线号	端子代号	远端标记	备注
-W137			+A4	
	PE	-X1:PE	-X1:PE	
	1	-X1:26	-X1:12	
	2	-X1:27	-X1:13	
	3	-X1:28	-X1:14	
	4	-X1:29	-X1:15	备用
	5	-	X1:16	备用
	6	-	-	

+B5
551258

图 1-32　端子接线表

　　图 1-31 所示是图号分别为 123357 和 123358 的两个结构单元的端子接线图。123357 表示的是单元+A4 的-X1 端子与外部的所有接线。123358 表示的是单元+B5 端子-X1 与外部的所有接线。单元+A4 通过电缆号为-W136 和-W137 的两根接线分别与外部的+B4 和+B5 两个单元连接。+B5 单元只通过一根代号为-W137 的电缆与+A4 单元连接。

　　在+A4 单元，-W136 电缆有一根芯线号为 5 的备用芯线接在+A4-X1：20 端子上，-W137 电缆有两根备用芯线，编号为 5 的芯线接在+A4-X1：16 端子上，编号为 6 的芯线悬空未接。在+B5 单元，-W137 电缆有两根编号分别为 5 和 6 的芯线悬空备用。+B5-X1 端子的 25 和 30 没有任何接线。由此可见，在-W137 电缆的两根备用芯线中，编号 6 的芯线完全悬空备用，既不和+A4 单元的端子连接，也不和+B5 单元的端子连接。而编号为 5 的芯线，虽然也是备用，但在+B5 单元端悬空不和任何端子连接，而在+A4 单元端却接在备用端子-X1：16 上。

在图 1-31 所示的两个单元端子接线图中，采用的是带有远端端子代号的标记，实际的端子接线图也可省略远端端子代号和远端单元的项目代号。此时，可以通过电缆的项目代号查找其连接关系或通过电缆图了解其连接关系。

端子接线表还可采用以端子为主的表示方式。采用以端子为主的表示方式时只有四栏：项目代号、端子代号、电缆号和芯线号。第一栏的项目代号标注所表示的端子的代号，如"-X1"；第二栏的端子代号标注端子的编号，如"11"、"12"……"20"、"PE"、"PE"、"备用"等；第三栏的电缆号标注与端子相连的电缆号；第四栏的芯线号标注与端子相连的电缆芯线号。

5. 电缆图（表）

电缆图（表）是电缆配置图（表）的简称，表示设备或装置的结构单元之间敷设电缆所需的全部信息，必要时应包含电缆路径的信息。电缆组可用单线表示法表示，并加注电缆的项目代号。电缆图可以采用单线表示电缆组，然后在电缆组的旁边标注出所有的电缆代号。采用表格形式时，电缆表一般有四栏：第一栏为"电缆号"，标注电缆的代号；第二栏为"电缆型号"，标注电缆的型号、芯数和截面积；第三栏为"端点"，标注电缆两端连接的项目代号（此栏一般分成两栏，分别标注电缆两端的项目代号）；第四栏为"备注"，标注电缆的其他信息，如电缆的电压等级等。

四、电路图

用图形符号并按工作顺序自上到下、从左往右排列，详细表示电路、设备或成套装置的全部基本组成和连接关系，而不考虑其实际安装位置的一种简图，称为电路图。电路图能清楚表明电路的功能，对分析电气系统的工作原理十分方便，因此又称为电气原理图。电路图应包含表示电路元件或功能元件的图形符号、元件或功能件之间的连接线、项目代号和端子代号、信号代号、位置标记以及补充信息等。

在电路设计、电路分析及故障检查中，常常需要电路图。电路图的主要作用是：① 详细表示电路、设备或成套装置及其组成部分的工作原理，为测试和寻找故障提供信息；② 作为编制接线图的依据。所以图纸上的图形符号要遵照国家标准绘制。

1. 电路图概述

电路图可以分为三部分：主电路、控制电路和辅助电路。电动机、发电机等通过大电流的电路为主电路，对主电路进行接通、断开控制和保护的电路称为控制电路，其他如指示、照明等均属于辅助电路。

对电路图绘制的主要规定归纳起来有：① 控制系统内的全部电机、电器和其他带电部分都应按国家标准规定的图形符号和文字符号绘制和标注。② 电路图一般按两部分画出：主电路为一部分，控制电路和辅助电路为另一部分。主电路画在图的左边或上面，用粗线表示；控制电路和辅助电路画在图的右边或下端，用细线表示，电路图中的线条要粗、细分明，图面要整洁。③ 整个电路与电网断开，各电器都按没有通电或不受外力作用时的正常状态画出。④ 在电路图中，各元件一般按动作顺序从上到下、从左到右依次排开。有直接电联系的导线交叉连接点要用小圆圈或黑圆点表示。画图时，要预先计划好各种图形符号的位置，使各符号在整幅图中布置均匀。⑤ 属于同一电器的不同部件，按其在电路中的作用而画在不同的电路部位上并标以相同的文字符号及用数字以资区别。元、器件的文字符号标注的数字，应该根据它们在图中的排列位置，自上而下，从左到右进行编号。

2. 电源的表示方法

电路图的电源表示方法主要有：① 用线条表示；② 用"+、-、L、N"等符号表示；③ 同时用线条和符号表示；④ 所有的电源线可集中绘制在电路的上部或左边，多相电源宜按相序从上至下或从左至右排列，中性线应绘制在相线的下方或右方；⑤ 连接到方框符号的电源线一般应与信号流向成直角绘制；⑥ 对于公用的供电线（例如电源线等）可用电源的电压值来表示。

如图 1-33 所示的是电源的几种常用表示方法，图 1-33（a）为用线条表示；图 1-33（b）为用线条和符号表示，且示出了相序与中性线的排列方式；图 1-33（c）为电源线连接到"θ/U"转换器的方框符号，电源引线应与信号流垂直（信号流方向就是图中探头方向，即水平方向。因此，电流线应垂直方向绘制）；图 1-33（d）为用电压值表示电源。

3. 触点的表示法

在电路图中触点起着接通和断开电路的功能，尤其是有触点的电气系统，如继电-接触器控制系统、配电操作系统等。因此触点在电路图中有着相当重要的地位。如本章第二节图形符号的介绍，触点可以有两种：① 动合触点、② 动断触点，它们的图形一般符号如图 1-5 所示。在一般符号中增加一定的限定符号就可构成其他各种各样的触点符号，如图 1-34 所示。在电路图中，触点都是按

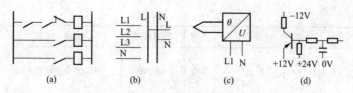

图 1-33　电源的几种表示法

（a）用线条表示；（b）用线条和符号表示；

（c）电源引线与信号流垂直；（d）用电压值表示

照其未动作时的状态（又称为常态）表示的。

图 1-34（a）为动合触点的一般符号，增加有关接触器功能的限定符号后就变成接触器主触点的符号，如图 1-34（b）所示。增加有关断路器功能的限定符号"×"后，就变成断路器的符号，如图 1-34（c）所示。同理，图 1-34（d）～图 1-34（g）分别为表示隔离开关、负荷开关、具有自动返回功能的动合触点（常开触点）、没有自动返回功能的动合触点（常开触点）。

除了图 1-34 所示的触点符号外，触点的图形符号还有很多。国家标准 GB/T 4728.7—2008 给出的部分在电路图中比较常见的开关、触点的图形符号如表 1-19 所示。

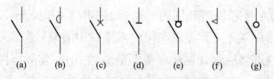

图 1-34　常见的触点符号

（a）一般符号；（b）接触器主触点；

（c）断路器；（d）隔离开关；（e）负荷开关；

（f）具有自动返回功能的动合触点；

（g）没有自动返回功能的动合触点

表 1-19　　　　　　　　部分开关、触点的国家标准图形符号

序号	说　明	符号	序号	说　明	符号
S00227	动合触点，一般符号；开关，一般符号		S00260	带动断触点的位置开关	
S00229	动断触点		S00239	提前闭合的动合触点	

序号	说　明	符号	序号	说　明	符号
S00243	延时闭合的动合触点		S00240	滞后闭合的动合触点	
S00244	延时断开的动合触点		S00254	自动复位的手动按钮开关	
S00245	延时断开的动断触点		S00255	自动复位的手动拉拨开关	
S00246	延时闭合的动断触点		S00256	无自动复位的手动旋转开关	
S00247	延时动合触点		S00359	接近开关	
S00259	带动合触点的位置开关		S00361	铁接近时动作的接近开关，动断触点	

　　表1-19中的序号和说明分别为国家标准GB/T 4728.7—2008《电气简图用图样符号　第7部分　开关、控制和保护器件》中的编号和说明。国家标准所给的符号采用一定的点格底纹（图中呈等距分布的点），实际电路图中的符号不用底纹。在实际使用时，这些符号可以旋转45°的倍数角后使用，如可以使用表中序号为S00227的动合触点逆时针旋转90°后得到的符号"一￢"。

　　表1-19中序号为S00243~S00247的五个延时动作触点是时间继电器常用的触点，是在S00227~S00229的动合和动断两个触点符号的基础上增加由"（"或"）"及"="组成的延时符号得来的。符号"）="用来表示延时的方向，可以通过括号的弯曲方向对延时方向进行判断。比如，将符号"）="理解为一把被风吹反了的雨伞，假设这把"雨伞"朝左右两边移动，所受阻力大的方向移动速度较慢，所受阻力小的方向移动速度较快。因此，采用符号"）="表示触点从右往左的方向延时，从左往右的方向不延时。当"）="加在动合触点S00227的符号上，得到S00244的符号。由于动合触点从左往右的方向为闭合方向，从右往左方向为断开方向。因此，S00244的符号表示："时间继电器线圈通电（操作器件被吸合）时不延时闭合，线圈断电（操作器件被释放）时延时断

开的触点"。因此，要判断时间继电器触点的延时性质主要应该抓住三点：① 根据"括号"的方向判断延时方向；② 根据触点是动合触点还是动断触点判断触点的闭合方向和断开方向；③ 结合前面两点，确定时间继电器是"通电延时"还是"断电延时"。

有时受到实际图幅的限制，为了保证电路图绘制不呈现拥挤现象，表示延时的限定符号可以加在一般符号的左边也可以加在一般符号的右边。如图 1-35 所示的是表 1-19 五个时间继电器另外的表示方法。

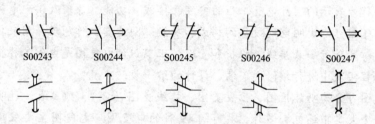

图 1-35　时间继电器的触点

在图 1-35 中，上面一行为表示延时的限定符号分别加在一般符号的左右两边，下面一行为上面的符号逆时针转过 90° 后的符号。应该注意的是，不管是表示延时的限定符号加在哪一边或不管是进行怎样的旋转，表示延时的方向与触点动作的方向之间的关系不能改变。仍以 S00244 的符号为例，当延时符号加到一般符号的左边时，所加的延时符号为"）＝"；当延时符号加到一般符号的右边时，所加的延时符号为"＝）"。因为，符号"＝）"这把"雨伞"仍然表示从左往右移动的阻力小，从右往左移动的阻力大。符号逆时针旋转 90° 后，动断触点的通电闭合方向为从下往上，断电释放方向为从上往下。因此，延时符号加在一般符号的上面时应该采用"⋀"符号，加在下面时应该采用"⋁"符号。只有这样，才能满足该触点通电（向上）闭合时没有延时，断电（向下）释放时延时断开。

与时间继电器符号相同的道理，在表 1-19 中，S00254、S00255、S00256、S00359 和 S00361 等几个符号中的限定符号部分，也可加到一般符号的右边。并且表中的所有符号也都可以逆时针方向旋转 90°。

除了上面所说的开关、继电器等的触点外，在电路图中还经常用到主令控制器的触点。所谓主令控制器，是指能够同时控制多个回路的一种手动操作的控制器，它有较多对触点，而且有多个挡位。关于类似主令控制器等具有多挡位多触点切换功能的控制器的触点，可参见第三章和第四章的有关介绍。

上面介绍了各种触点的表示方法，当然实际电路图中可能出现的触点还很多，限于篇幅，本书不可能面面俱到地进行介绍。读者可参照后续章节的读图，从中进一步领会，或参考相关介绍图形符号的书籍进行进一步地学习。

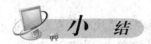

电气图是电气工程的通用语言，是按照统一规范规定绘制的，采用标准的图形和文字符号表示的实际电气工程的安装、接线、功能、原理及供配电关系等的简图。电气图可以说明电气设备的构成和功能、阐述其工作原理，用来指导电气工作人员对其进行安装接线、维护和管理。正确识读电气图是电气工程技术人员在电气工程实践中进行维修、安装、设计的第一步。

电气图可分为功能性图、位置类图、接线类图（表）、项目表、说明文件五大类。每个大类中还包含多种，共有约 19 种的电气图。电气图主要采用图形符号和文字符号进行表示，图形符号和文字符号必须满足国家标准的规定。文字符号又可分为基本文字符号和辅助文字符号两类，关于图形符号的国家标准主要是GB/T 4728，文字符号的国家标准主要是 GB/T 7159。

在电气系统中，项目是可以用一个完整的图形符号表示的、可单独完成某种功能的、构成系统的组成成分。项目的编号称为项目代号，项目代号是用以识别图、图表、表格中和设备上的项目种类，并提供项目的层次关系、种类、实际位置等信息的一种特定的代码，是电气技术领域中极为重要的代号。一个完整的项目代号包括四个代号段：高层代号、位置代号、种类代号和端子代号。

标记、标注和注释都是在电气图上用文字符号对图形符号进行的补充说明。标注一般侧重于对电气设备的型号、编号、容量、规格等的说明；标记一般侧重于对位置进行说明；而注释一般侧重于对除标注、注释之外的其他信息说明。

电气图的完整图面由边框线、图框线、标题栏、会签栏组成。边框线就是图纸的边线，由边框线所围成的整张图纸，称为图纸的幅面。国家标准对电气图的幅面尺寸作了规定，幅面可分为基本幅面和加长幅面两大类。基本幅面有 A0～A5 等 5 种，加长幅面是在基本幅面的基础上加长形成的。加长幅面的短边就是对应的基本幅面长边，加长幅面的长边为对应的基本幅面短边乘于一定倍数形成。国家标准提供两类共 19 种的加长幅面。加上基本幅面 5 种，国家标准规定的电气图幅面总共 24 种。

为便于读图和检索，各种幅面的图样都可以分区。分区方法有两种：通用方式和机床电气设备电路图专用方式。通用方式分区是在图的周边内（即图框线与边框线之间的区域）划定，分区数必须是偶数，每一分区的长度在 25~75mm 之间。专用方式分区的方法是只对图的一个方向分区，根据电路的布置方式选定。其分区数不限，各个分区的长度也可以不等，主要根据分区内的元器件多少而定，一般是一个支路一个分区。分区顺序编号方式与通用方式时一样，但只需要单边注写，其对边则另行划区，改注主要设备或支电路的名称、用途等，称为用途区。专用方式的分区更有利于读图。

电气图的布局有两种：水平布置和垂直布置。水平布置的电路图，各支路呈水平排列；垂直布置的电路图，各支路呈垂直排列。电气图的导线可以采用多线表示法，也可以采用单线表示法。每根连接线或导线用一条图线表示的方法，称为多线表示法。两根或两根以上的连接线或导线只用一条线表示的方法，称为单线表示法。

概略图又称为系统图或框图，是表示系统、分系统、装置、部件、设备、软件中各项目之间主要关系和连接的相对简单的简图。主要采用符号或带注释的方框概略表示系统或分系统的基本组成、相互关系及其主要特征。概略图的主要用途有两个，为进一步编制详细的技术文件提供依据和为操作与维修提供参考。

位置类图包括：总平面图、安装图、安装简图、装配图和布置图等，是表现各种电气设备及其间平面与空间的位置、安装方式和相互关系的图纸。其主要用途是示出各种电气物件相对位置或绝对位置和（或）尺寸的信息及其他必要的相关信息。同时，它也为电气设备的安装和维护检修提供依据。对位置类图的要求主要是：按照实际的比例绘制，布局应清晰。为了避免一些不必要的内容造成电气图过分拥挤，一般并不示出非电物件的信息。

接线图是以图样形式表示成套装置、设备或装置等项目之间连接关系的略图。接线表是采用表格形式表示接线图表示的内容。接线图（表）的主要用途是提供各个项目之间的连接信息，作为设备装配、安装和维修的指导和依据。接线图主要包含：接线图、单元接线图、互连接线图、端子接线图和电缆图等。单元接线图表示的是单元内部各项目的连接情况，不包括单元之间的外部连接。互连接线图和端子接线图表示的都是单元外部的接线情况，但互连接线图侧重于单元之间的相连接关系，而端子接线图侧重于端子与外部所有导线的连接关系。电缆图是电缆配置图的简称，表示设备或装置的结构单元之间敷设电缆时所需的全部信息，必要时应包含电缆路径的信息。

用图形符号并按工作顺序自上到下、从左往右排列，详细表示电路、设备或成套装置的全部基本组成和连接关系，而不考虑其实际安装位置的一种简图，称为电路图。电路图能清楚表明电路的功能，对分析电气系统的工作原理十分方

便，因此又称为电气原理图。电路图应包含表示电路元件或功能元件的图形符号、元件或功能件之间的连接线、项目代号和端子代号、信号代号、位置标记以及补充信息等。

?—思考题—

1-1 什么是电气图？电气图的主要作用有哪些？

1-2 电气图主要采用什么表示？有哪些类型？

1-3 什么是电气图的图形符号？什么是电气图的文字符号？它们所依据的标准各是什么？

1-4 什么是电气图的项目？什么是项目代号？一个完整的项目代号由哪几部分组成？

1-5 实际电气图中的项目是否需要用完整的项目代号表示？为什么？

1-6 高层代号、种类代号、位置代号和端子代号的含义分别是什么？如何表示？

1-7 在电气图中，标记、标注和注释分别表示什么？

1-8 一张电气图是由哪些内容组成的？对电气图的幅面尺寸有什么要求？

1-9 电气图的分区有何作用？电气图有哪些分区方法？各有什么特点？

1-10 电气图的布局方式有哪些？在电气图中表示导线的方法有哪些？

1-11 什么是电气概略图？概略图的主要用途是什么？

1-12 什么是电气位置类图？位置类图有几种？电气位置类图的主要作用是什么？

1-13 对电气位置类图的要求主要有哪些？

1-14 什么是接线图？接线图的主要用途是什么？

1-15 接线图有几种？它们表示的内容有什么差别？

1-16 什么是电路图？它有什么特点？

1-17 电路图表示的电路有几种？在电路图中的位置和表示方法有什么规定？

1-18 电路图中同一电器的不同部件是否可以分开画在不同的位置？如何对其进行表示？

1-19 电路图的布局有什么要求？为什么电路图又被称为电气原理图？

1-20 试比较电路图与接线图的共同特点和不同特点。

第二章

电气工程图读图方法

本章提要

    本章主要从实际电气工程管理维修的角度介绍常用的电气安装图类和电气原理图类的识读方法、步骤和注意事项。第一节主要介绍读图的基本要求，第二节介绍电气安装图类的读图方法，第三节介绍电气原理图类的读图。

第一节 读 图 要 求

    如第一章所作介绍，电气工程图的种类很多。一个电气系统可能很庞大、很复杂，也可能相对较小、较简单。复杂的电气系统，图纸包含的种类多，系统的图纸总数也多；而相对较简单的电气系统，图纸包含的种类可能相对较少。实际电气维护管理人员，在日常工作中所涉及的系统相对较小，也相对较为独立。因此，他们应掌握的电气读图也就相对较简单。本书主要目标是介绍电气工程图的基本读图方法，所以本书主要介绍相对简单的电气工程图的识读。

一、电气工程读图概述

    电气工程图的最基本应用主要有三个方面：① 日常电气维护管理人员根据电气图的识读，分析运行中电气设备的工作状态和性能，对电气设备进行维护、检修和故障排除；② 电气工程技术人员根据电气图的识读，对电气设备进行安装、调试，并使电气设备投入正常运行；③ 电气工程高级技术人员对电气系统设计人员设计的图样进行审核、编制施工预算和预案，指导电气安装人员进行实际电气安装与调试。

　　第一种读图要求相对最为简单，读图的工作量相对最少。读图的目的是通过看懂电气图，能够找出图中标示的电气工程项目的安装位置，能够根据电气设备的工作状态或故障现象，分析电气设备的性能或故障原因，提出维护方案或维修方案，进行实际检查，排除设备的故障或可能存在的隐患，提高设备的性能，保证电气设备处于良好的工作状态。因此，这种读图涉及的电气图纸相对较少，读图的工作量也相对较小。

　　第二种读图要求相对较高，必须对安装设备所涉及的所有电气图样完全理解。然后根据所读的电气图样进行电气安装和调试。在调试过程中还必须根据设备的种种现象采取必要的措施进行实际调整。对调试中出现的问题必须能够分析原因，并进行改正，直到所安装的电气设备达到最佳状态以投入实际运行。因此不但要求读图者能够读懂电气图，还需要读图者有较为广泛的知识，甚至要求读图者具有一定的其他方面的知识（如土建方面、自动控制方面的知识等）。读图时也不能局限于几张有关的电气图样，而必须将整个电气系统的所有图纸结合起来读，才能全面理解设计者的设计，才能又好又快地完成电气安装和调试任务。

　　第三种读图要求相对最高，读图的工作量也最大。电气技术人员要对设计图样进行审核，就必须对所有图样进行全面、仔细地阅读，不仅要读懂电气图样表达的内容，还要根据国家颁布的各种标准对电气图进行审核，寻找可能存在的不妥或错漏之处。对于复杂的电气系统，审查图样需要各个方面会同进行，并举行会审，以确定用于施工的完整图样。然后根据会审的图样编制预算和预案，组织施工。施工安装完毕后要根据图样进行调试，使电气系统以最佳的状态投入运行。因此，这种读图要求很宽广的知识面，要求有相当的经验积累。读图时要综合各方面的规定、规范、要求进行仔细研读，是电气读图的最高要求。

　　从上面的分析可以知道，读电气图最基本的是看懂电气图，本书的主要宗旨也是介绍如何看懂电气图。看懂电气图后，就能了解电气设备的实际性能和工作原理，就能指导电气技术人员对电气设备进行维护管理和维修保养。有了实际管理的经验和读图的知识，就能进一步了解安装和调试技巧，积累经验和知识，达到一定的水平后，就能够向更高的层次发展。下面仅就电气技术人员在电气设备维护或安装时的读图基本要求和步骤进行归纳性的介绍。

二、电气读图的基本要求

　　读电气图的基本要求，归纳起来主要有如下几点：① 应具有电工基础知识；② 应熟悉电气工程的相关标准；③ 应熟悉各种电气图的特点；④ 应掌握常用的

电气图形符号和文字符号；⑤ 应清楚电气元件的结构和原理；⑥ 应掌握读电气图的一般规律。

任何电路，如变电所、电力拖动和照明供电以及各种电气控制电路等，无不建立在电工学的理论基础上。因此，要想看懂电气图，搞清电路的电气原理，离开电工基础知识是不行的。因此，具有电工基础知识是读电气图的先决条件。可以说，不懂得电工基础知识的人根本不可能读懂电气图。

读电气图需要有关电气工程的各种标准和规范。读电气图的主要目的是用来指导施工、安装，指导运行、维修和管理。而一些技术要求不可能都在图面上反映出来，也不可能在图面上一一标注清楚，因为这些技术要求在有关的国家标准和技术规程、规范中已作了明确的规定。因而在读电气图时，还必须了解这些相关标准、规程、规范，这样才算真正识图。

读电气图要求熟悉各种电气图的特点。因为各种电气图都有一些独特的绘制和表示方法，只有了解各种电气图的特点，才可能明白电气图样所表达的含义。也只有了解各种电气图的特点，在读图时才能懂得什么时候应该读什么类型的电气图，遇到实际问题时才能找到实际所需的电气图样，才能有针对性地读图，也才能做到事半功倍的效果。

读电气图必须掌握常用的电气图形符号和文字符号。电气图用图形符号和文字符号以及项目代号、电器接线端子标志等是电气图的基本元素。这些符号和元素掌握得越多，记得越牢，读图越方便，越省时间。这好像写文章时，若掌握的词汇越多，写起来就越容易一样。然而图形符号和文字符号很多，要掌握、熟记和应用所有的电气图用图形符号和文字符号以及项目代导、电器接线端子标志不是一件容易的事。实际中应该从个人涉及的具体项目出发，熟读并背画其中与所涉及项目专用的和比较常用的符号，然后逐步扩大掌握更多的符号，从而能够识读更多的电气图。

读电气图应该清楚电气元件的结构和原理。每一个电路都是由各种电气元件构成的，如在供电电路中常用到高压隔离开关、断路器、熔断器、互感器、避雷器等；在低压电路中常用到各种继电器、接触器和控制开关等。因此，在看电路图时，首先要搞清这些电器元件的性能、相互控制关系以及在整个电路中的地位和作用，才能看懂电流在整个回路中的流动过程和电路的工作原理，否则电路图是无法看懂的。例如，识读继电-接触器控制系统原理图时，应该懂得继电器、接触器的线圈通电后它们的触点就会改变状态，从而去控制其他回路的原理。不懂得这些原理，就无法读懂电气图。

读电气图还必须掌握读电气图的一般规律。不同的电气工程系统，需要识读

的电气图样不一样，不同种类的电气图样也有不同的特点。识读这些电气图样通常有一定的规律。了解掌握这些读图规律，可以快速了解电气工程系统的组成、性能和原理。不按照这些规律进行读图，很可能会感到毫无头绪，要了解和掌握电气工程系统的组成、性能和原理就变得很困难。因此，读电气图还必须掌握读电气图的一般规律，这些规律一般就是电气读图的步骤。

三、电气读图的基本步骤

各种电气图样的识读都有其具体的步骤，将在下面各个章节中分别介绍。这里主要介绍的是一般电气图识读的共同步骤，也就是基本步骤。作为指导电气技术人员对电气设备进行维护管理和维修保养的电气读图，其基本步骤总体上有如下四个方面：

1. 详细阅读电气图的各种说明

电气图的说明主要包括：图纸目录、技术说明、元件明细表、施工说明书等（如第一章第一节表1-5和表1-6所列出的各种资料和文件）。从这些说明中虽然得不到电气设备或系统的工作原理，但这些说明反映了电气设备或系统的总体技术水平和性能，详细阅读这些说明有助于从整体上理解图纸的概况和其所要表述的重点。

2. 看电气系统或设备的概略图（即系统图或框图）

概略图是从整体的角度出发，概略表示系统或分系统的基本组成、相互关系及其主要特征。因此，从概略图中可以看出系统各个部分之间存在的相互关系。在详细看电路图之前，能够弄清楚系统中各部分之间的联系是非常必要的。这对后面的读图以及理解系统各个部分的工作原理有着很重要的作用。所以，详细阅读电气图的各种说明后，应该看电气系统或设备的概略图。

3. 阅读电路图是识图的重点和难点

反映电气设备工作原理的电气图样主要是电路图。电路图是电气图的核心，也是内容最丰富、最难读的电气图纸。不论是从事电气安装调试，还是从事电气设备维修管理的人员，都必须了解电气设备的工作原理。读电路图的具体方法将在本章的第三节及第四章中用专门的篇幅进行介绍，这里主要说明电路图的一般阅读步骤。

看电路图时，首先应该分清主电路和辅助电路、交流回路和直流回路，其次按照先看主电路再看辅助电路的顺序进行识图。看主电路时，通常要从下往上看，即从用电设备开始，顺着控制元件，一个一个往电源端看；看辅助电路时，则自上而下、从左向右看，即先看电源再看各个回路，分析各条回路中元件的工

作情况及其对主电路的控制关系。通过看主电路，要搞清楚电气负载是怎样取得电源的，电源线都经过哪些元件到达负载和为什么要通过这些元件。通过看辅助电路，则应搞清楚辅助电路的回路构成、各元件之间的相互联系和控制关系及其动作情况等。同时还要了解辅助电路和主电路之间的相互关系，进而了解和掌握整个电路的工作原理和来龙去脉。

4. 电路图与接线图和安装图对照看

接线图和安装（布置）图与电路图互相对照识读，可以帮助弄清楚项目的具体位置和对接线图的阅读。接线图和安装图是电气工程安装的主要依据和指导性文件，与电路图对照阅读，不仅有助于接线图的阅读，还能帮助理解接线图和安装图中所表达的含义。看接线图时，一般是根据端子标志、回路标号从电源端逐一查下去，有了电路图的对照，就能丝毫不漏地将各回路查找出来，就能弄清线缆的走向和电路的连接方法，搞清每个回路在哪里，是怎样通过各个元件构成闭合回路的。

对于复杂的电气系统，一般需要经过反复的几遍识读过程才能完全做到真正读懂所有的电气图样。因此，复杂电气系统的读图还可分为三个阶段：粗读、细读和精读。

所谓粗读就是将施工图从头到尾大概浏览一遍，主要了解工程的概况，做到心中有数。粗读应掌握工程所包含的项目内容、主要技术参数和总体组成。所谓细读就是按一定的读图步骤和读图要点仔细阅读每一张施工图，达到全面了解系统的组成原理等。所谓精读就是将施工图中的关键部位及设备的图样重新仔细阅读，系统地掌握中心内容和要求，做到胸有成竹、滴水不漏。

综上所述，阅读电气图的基本原则是由大到小、由浅变深。对于比较简单的系统，读图步骤有四个：首先是读说明，然后读概略图，接着读电路图，最后读安装图和接线图。对于复杂的电气系统，读图应该分三个阶段：首先是粗读，然后是细读，最后是精读。其中，细读的具体步骤基本上可参考简单系统读图的四个步骤，粗读可比细读"粗"点。这里的"粗"不是"粗糙的粗"，而是相对不侧重在细节上。而精读则是选择重点的或重要的关键内容进行的进一步阅读，是为了保证万无一失而进行的精读。

当然，每个人都可以有自己读图的习惯和方法，在掌握一定读图规律后都可根据自己的知识水平和知识面的宽窄，总结适合自己的读图习惯和方法。但是读图的目的都是一样的，都是要理解电气设计人员的设计思想，掌握电气设备的工作原理和性能，为电气系统和设备的安装调试及维护管理打下坚实的基础。

四、读图应该注意的事项

电气读图就是要看懂电气图，因此读电气图一般应该注意：① 读图切忌毫无头绪、杂乱无章；② 读图切忌烦躁、急于求成；③ 读图切忌粗糙、不求甚解，而应精细；④ 读图切忌不懂装懂、想当然。

电气读图时，应该是一张一张地阅读电气图纸，每张图全部读完后再读下一张图。如读该图中间遇有与另外图有关联或标注说明时，应找出另一张图，但只读关联部位了解连接方式即可，然后返回来再继续读完原图。读每张图纸时则应一个回路一个回路地读。一个回路分析清楚后再分析下个回路。这样才不会乱，才不会毫无头绪、杂乱无章。

电气读图时，应该心平气和地读。尤其是负责电气维修的人员，更应该在平时设备无故障时就心平气和地读懂设备的原理，分析其可能出现的故障原因和现象，做到心中有数。否则，一旦出现故障，心情烦躁、急于求成，一会儿查这条线路，一会儿查那个回路，没有明确的目标。这样不但不能快速查找出故障的原因，也很难真正解决问题。

电气读图时，应该是仔细阅读图样中表示的各个细节，切忌不求甚解。注意细节上的不同才能真正掌握设备的性能和原理，才能避免一时的疏忽造成的不良后果甚至是事故。

电气读图时，遇到不懂的地方应该查找有关资料或请教有经验的人，以免造成不良的影响和后果。应该清楚，每个人的成长过程都是从不懂到懂的过程，不懂并不可耻，可耻的是不懂装懂、想当然，从而造成严重后果。

此外，电气读图时最好能够做一定的记录。尤其是比较大或复杂的系统，常常很难同时分析各个回路的动作情况和工作状态，适当进行记录，有助于避免读图时的疏漏。电气读图还需要不断总结提高，不断地进行经验的积累。

第二节　电气安装类图纸的读图

电气安装时所需要的电气图主要有表 1-3 和表 1-4 中所列出的全部图、图表和表 1-5 中的元件表、设备表及表 1-6 中的安装说明文件。为了方便说明，重新列出：① 安装说明文件、② 设备元件表、③ 总平面图、④ 安装图、⑤ 安装简图、⑥ 装配图、⑦ 布置图、⑧ 单元接线图、⑨ 互连接线图、⑩ 端子接线图、⑪ 电缆图等。

安装类图纸阅读的主要目的是：① 在电气施工之前，全面审核设计的正确

性，提出必要的修正方案和措施；② 根据审核结果，提出具体的施工预算和施工方案；③ 根据安装类图纸组织和进行具体的电气安装；④ 电气安装工作结束后，根据安装图纸和其他电气图组织电气设备的调试；⑤ 在设备运行期间，根据安装图纸和其他电气图，组织电气设备的检修和故障排除。

由于安装类图纸的种类较多，阅读目的不尽相同，本节分三个部分进行介绍。第一部分为安装类图纸读图的一般注意事项，第二部分和第三部分分别为设备安装与检修时的读图。

一、读图注意事项

电气安装类图纸也属于电气图，读这类图时也应该注意本章第一节的要求和注意事项，但安装类图纸也有它自己的特点，因此，读图时还需注意如下几点：

（1）电气安装类图纸的读图应该根据不同时期的不同目的，有针对性地进行识读。

（2）对照土建资料阅读安装图。如第一章图1-28所示，安装图通常是在建筑基本图上进行绘制的。对照土建资料阅读安装图，能够明白电气设备具体项目的位置和环境特点，对于了解电气安装工作量和做好施工计划也有很大帮助。

（3）对照电气原理图进行读图。因为电气安装配线图是根据电气原理绘制的，通过对照电气原理图，有助于电气安装配线图的阅读。

（4）以回路标号为重点阅读接线图。接线图是安装类图纸的重要组成部分，回路标号又是电器元件和导线之间相互连接的标记。以回路标号为重点，可以在看电气安装配线图时保持思路的清晰。根据回路标号从电源端依次查看回路，比较容易分清线路的走向和电路的连接方法，明白每个回路是怎样通过各个元件构成闭合回路的。

（5）以端子板为依据，将接线图中的单元内外分开读图。任何一个电气系统，常常是由许多相对独立的单元组成，每个单元外线路相互连接必须通过接线端子板。一般来说，单元内的号线与端子板上的号线对应。因此，阅读电气安装配线图时，可通过端子板将各个单元与外部线路分开，分别理清单元内外部线路的走向，这样容易避免毫无头绪、杂乱无章读图的现象发生。

（6）阅读具体设备的电气安装配线图时，通常可先看其主电路，再看其辅助电路。先看主电路，可以明确系统对设备的控制情况，有助于理解控制电路的原理。因为设备主电路的线路比辅助电路相对少很多，看主电路也就比较容易。而且，主电路从电源到电气负载（即用电设备，如电动机等）之间的项目，就

是所控制的设备项目。找到这些项目，就能很容易明白其对设备的控制原理。根据控制设备的这些项目再查找辅助电路，就比较容易理清辅助电路的作用。看主电路时，可从电源引入端开始，依次经过各个控制元件到电气负载，也可以从负载依次往上看到电源；看辅助电路时，其电源通常是单相电源，可从电源的一端看到另一端，按照主电路中控制元件的顺序，分别对每个回路进行查找，分析控制元件控制主电路的原理，分清线路的具体走向和连接关系。

二、设备安装时的读图

这里的"设备安装时"是指包括施工之前的审核、预算和预案的制订以及组织安装施工等设备安装前期的准备阶段。与实际安装时安装人员纯粹的安装读图相比，其目的和要求都有较大的差别。纯粹为安装需要的读图与检修时的读图比较，目的和要求差不多，因此见下文（三、设备检修时的读图）的说明。施工之前读安装类图的主要目的是了解系统总体组成与要求，知道各个项目的具体位置，清楚各种线缆的走向，明白各个单元与项目的连接关系。

在包括审核在内的安装时，对安装类图纸的读图要求较高，内容也较多。所需要阅读的安装类图纸和资料主要包括：① 设计说明、② 总电气平面图与电气平面图、③ 安装接线图、④ 电缆清册、⑤ 装配图、⑥ 设备材料表。其特点是要全面读懂整个系统的组成、性能和原理等。因此读图内容和步骤可参阅本章第一节第三点电气读图的基本步骤进行读图。

下面主要介绍各类图纸的特点和读图时需要注意和掌握的主要内容。

1. 设计说明的阅读

阅读设计说明时，阅读内容主要有四个方面：① 工程总体概况方面；② 有关安全与保护方面；③ 电源方面；④ 其他。

（1）工程总体概况方面，应该着重阅读：工程规模与概况、总体要求、采用的标准规范、参考的标准图册及图号、负荷的级别与供电要求、电压等级及电压质量方面的要求等。了解工程总体概况的主要目的是对工程总体有一个粗略的认识，这有助于对后续读图的理解与掌握。

（2）安全与保护是一个系统能否安全可靠运行的保障，有关安全与保护方面，读图时主要应该明确：系统保护方式及接地电阻要求、系统防雷等级、防雷技术措施及要求、系统安全用电技术措施及要求、系统对过电压和跨步电压及漏电采取的技术措施等。

（3）电源是一个电气系统工作的能源，没有电源，任何电气系统都不能工

作。阅读设计说明时，主要应该知道：系统正常工作电源与备用电源的切换程序和要求，供电系统各种参数（如计算电流、计算负荷、短路电流等），无功补偿的方法，报警及继电保护装置与参数，联络母线与倒闸操作流程。此外，还需注意大负荷起动对电源的影响及其所采取的措施等。

（4）阅读设计说明时，除了以上三个方面外，应注意的其他方面主要有：配电线路形式及敷设方法要求，配电控制方式、要求及参数，信号检测及抗干扰要求，单元与模块结构及其要求，土建、通风、空调等方面与电气系统的配合与要求，各个单元、模块和子系统的特殊要求，以及所有图中交待不清、不能表达或没有必要用图表示的其他要求、标准、规范、方法等。

2. 总电气平面图与动力平面图的阅读

总电气平面图是整个电气系统所涉及的所有建筑物的平面图，而电气平面图则是主要电气分系统所在位置的平面图。例如，电气系统包含的是整个工厂，总电气平面图包含的就是整个工厂范围及周围的总体电气平面图，而电气平面图则是变电所、各个车间的电气平面图。一般的电气平面图还根据线缆传送电源性质不同而分为：变配电装置平面图、动力平面图、照明平面图及其他专用平面图。

阅读总电气平面图时，主要应该知道：① 各个建筑物的名称编号、用途、用电容量、主要的大型设备台数与参数、电源及信号进户位置；② 变配电所的位置、参数与线缆走向等；③ 周围环境条件；④ 其他相关说明。

根据变配电装置的设置方式，变配电装置可分为户外和户内两种。所谓户外变电所是指变配电装置安装在单独的建筑物内的变电所；所谓户内变电所是指变配电装置安装在车间等建筑物内的变电所。因此，变配电装置的平面图有户外变电所平面图、户内变电所平面图和变压器台布置图之分。户外变电所通常是一个电气系统的总配电所。阅读户外变电所平面布置图时，主要应掌握：变电所的位置、面积、形状、尺寸及有关电源进户的技术参数（回数、等级、位置等），混凝土构架及其相关技术参数，室外主要设备的技术参数和安装位置，一、二次母线情况，控制室设备情况，修理间、电容室情况，接地装置情况等。阅读户外变压器台平面布置图时，主要掌握变压器的台数及其技术参数、与电源有关的技术参数和变压器的安装情况等。户内变配电所通常在大型电气系统中出现，可以认为是分配电所。阅读户内变电所平面布置图时，主要掌握变电所的位置、面积、形状、尺寸及有关电源进户的技术参数（回数、等级、位置等），层数、开间布置及用途，楼板墙壁的孔洞，各层设备平面布置情况，母线及线缆情况，接地装置情况等。

　　阅读动力平面图时，主要应掌握：电源的进户方式及线缆规格与敷设方式等，各动力设备及其控制箱的位置和技术参数，控制检测回路的控制检测元件，线缆规格型号、数量及敷设方式，接地装置参数，线缆敷设方式，接地电阻要求等。阅读照明平面图时，主要应掌握：电源的进户方式及线缆规格与敷设方式等，灯具、插座、开关等的位置和相关技术参数，控制装置的位置、功能与相关技术参数。其他电气平面图与此类似，读图时主要应该掌握：电源及线缆情况，主要设备情况，控制设备情况等。

　　3. 安装接线图的阅读

　　阅读接线图必须对照各类原理图，确定元件型号、规格及接线端子是否一致。阅读互连接线图和端子接线图时，要正确区分哪些接线已在设备本身或元件内部接好，哪些接线应另用导线或电缆进行重新接线。同时必须正确掌握每段导线的首尾与设备或元件的连接点，遇到导线标注"引至×××"或"来自×××"时，应立即找出"×××"的位置或其接线端子板，认真核对线芯数和接线点位置。对于较为复杂的安装接线图，可依据接线端子将整个接线图分成几个部分，分别阅读。此外，应该注意连接导线或电缆的线芯数是否满足接线端子的数量，并明确各个元件或设备安装位置及端子板安装位置。

　　4. 装配图的阅读

　　阅读装配图时，主要应掌握：对材料及材质的要求，组成构件的几何尺寸、加工要求、焊接防腐要求、安装具体位置、内部结构形式，元件规格型号及功能作用，具体接线部位及接线方式，元件排列安装位置，制作比例，开孔要求及其部位尺寸，螺纹加工要求，安装操作程序及要求，组装程序，与其他图样的联系及要求等。

　　5. 电缆清册的阅读

　　阅读电缆清册时，主要应掌握：安装项目名称（指使用该电缆的设备，如风机、水泵、压力变送器等）、电缆编号、电缆类别（电力电缆、信号或控制电缆，或交流电缆、直流电缆）、电压等级、规格型号芯数、电缆走向及起止位置地点、电缆计算长度（这个数值只作为参考数值，不作为割锯电缆的凭证，割锯电缆一般应实测实量）、电缆的用途等。核对电缆清册上的电缆与平面图和接线图上的编号、规格型号、芯数是否相等。

　　6. 设备材料表的阅读

　　阅读设备材料表时，主要应掌握：工程中的设备、材料、元件的规格型号、数量或质量、有否指定厂家供货，并注意与其他各种图样比较，确定是否相符。

需要说明的是，设备材料表中的内容不作为工程施工备料或安装的依据。施工备料的依据必须是经过会审后的施工图、会签的设计变更、现场实际发生的经甲方监理或设计签发的技术文件。

三、设备检修时的读图

纯粹为了设备的检修而阅读电气安装类图纸是相对比较简单的。此时，由于设备已经过一定时间的运行，一般不要求对整个电气系统进行全面审核。因此有些安装类图纸就不一定要求阅读。同时，由于设备检修时往往已经积累了设备的各种运行资料，可以有针对性地对电气系统的某个部分或某一子系统，甚至是某一模块进行检修。此时，读图量相对较少。只有整个电气系统停止运行，进行全面检修时才需要对全部安装类图纸进行读图。但一般全面检修时也是进行一定的分工，分配到个人的读图任务一般也较少。

设备检修时需要阅读的电气安装类图纸主要有：说明文件（包括安装、维修说明文件）、专门的电气平面图、安装接线图等。阅读的主要目的是：明确有关安装、维修方面的要求，掌握检修所涉及项目的具体位置和连接关系。

设备检修时阅读说明文件主要是阅读维修说明文件和安装说明文件。阅读维修说明文件时，应该仔细阅读维修的过程和注意事项、需要检查的项目点及其位置和检查方法、维修使用工具的说明、备品备件更换说明和其他特别说明。阅读安装说明文件，主要阅读有关安装程序、方法和注意事项等。

阅读专门的电气平面图时，主要针对检修设备涉及的电气平面图进行阅读，例如：变配电装置平面图，动力平面图，照明平面图，通信、广播、音响平面图，有线电视平面布置图，火灾自动报警及自动消防平面图，保安防盗平面图，微机监控平面图，自动化仪表平面布置图等。阅读专门电气平面图时，主要应掌握电气平面图中的有关说明，线缆的走向、标注、标记，主要元件的规格型号、安装位置和实际参数等。

阅读安装接线图时与设备安装时对接线图阅读的要求基本相同。主要应掌握线缆的走向，线路的接点与分支，接线端子板的接线情况，各种相关的说明和要求等。

除此之外，设备检修时还应根据实际需要对照其他类型的电气图纸及文件进行阅读，如对照电气原理图（电路图）、概略图等进行阅读，以期对所检修的设备有全面的认识。对于处于试运行期间的设备，有时也可能出现故障，此时的检修一般还应该重新审核相关设计是否合理。审核的读图与前面所说的读图要求基本相同，但范围一般较小。

 第三节　电气原理图的读图

电气原理图常常称为电路图，主要用来说明电路的原理，属于功能性图。通常电气原理图主要指动力设备（电动机拖动控制系统）的原理图，在配变电系统中也指二次控制回路和自动控制装置的电路图。严格说起来，电气原理图应该包含所有控制电路原理图（即包括由继电-接触器等组成的有触点的控制系统和由电力电子元件等组成的无触点控制系统），本节主要介绍由继电-接触器等组成的、用于动力设备拖动的有触点控制系统的电气原理图。

一、读图的方法

有触点控制系统的主要特点是电路元件的稳定工作状态一般只有两个。元件动作，其触点就改变状态；元件复位，其触点则恢复常态。如第一章第三节中的介绍，电路图（电气原理图）可以分为三部分：主电路、控制电路和辅助电路。

电气原理图的读图目的主要是：① 了解电路的总体组成、功能和控制方式；② 了解电路的安全保护措施；③ 分析控制电路工作原理。电路的概况及保护措施比较直观，也较容易读懂，而控制电路工作原理的分析相对就比较繁杂。

因此，电气原理图读图时，在了解图中相关说明后，一般将整个电路分成主电路、控制电路和辅助电路三个部分分别阅读。读图时通常是首先看主电路；然后再看控制电路，并用控制电路的各回路工作情况去研究主电路的控制过程；最后看辅助电路，补充对整个电路工作原理的认识。

阅读和分析电气控制电路图的方法主要有两种，即经典读图方法（也即直接看图法或查线看图法）和逻辑代数读图法（间接读图法）。本节将具体介绍两种读法，通过对简单的电气原理图实例的分析，学习和掌握识读电气原理图的方法。

二、经典读图方法

经典读图法就是直接看图法，也是分析电气原理图的最基本方法。一般方法是：从主电路入手，根据主电路中各个电动机和执行器的控制要求，逐一找出辅助电路中的控制环节，分析连锁和保护以及特殊的控制环节，然后进行总体检查，以达到清楚地理解电路图中每一个电器元件的作用、工作过程及主要参数。下面以图2-1为例，逐步分析阐述如何读图。

图 2-1 所示的是一台鼠笼式异步电动机的控制线路电路图。左边用粗实线绘制的部分为主电路，主电路的右边用细实线绘制的是控制电路和辅助电路。其中，KM 表示接触器，接触器的线圈回路为控制回路。HL1 和 HL2 分别为两个指示灯，属于辅助回路。

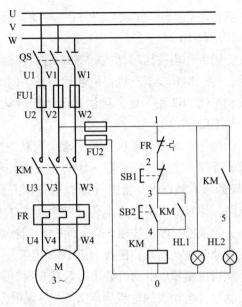

图 2-1 电气原理图

1. 主电路的读图

根据本章第一节的介绍，看主电路应从用电元件开始，从下往上看，直到电源。在图 2-1 主电路中，用电元件为三相鼠笼式异步电动机 M。电动机上面是热继电器的发热元件 FR，FR 上面是接触器主触点 KM，KM 上面是主电路的三个熔断器 FU1，FU1 上面是隔离开关 QS，QS 的上面与三相交流电源 U、V、W 连接。

从主电路元件看，根据电机与拖动基础的知识，FR 是作为过载保护的元件，FU1 是为主电路提供短路保护的元件。QS 仅仅作为电源开关，起隔离作用。唯一控制电动机 M 工作的是接触器的主触点 KM。而 KM 的作用是控制电动机直接（全电压）起动或停止。要使异步电动机起动运行，在电源正常和电路连接线不存在断线的前提下，必须是隔离开关 QS 闭合，三个熔断器 FU1 保持接通状态（主电路无短路故障存在），同时接触器的主触点 KM 处于闭合状态。

2. 控制电路的读图

如前文所述，看控制电路和辅助电路时，应该自上而下、从左向右看，即先看电源，再看各个回路，分析各条回路元件的工作情况及其对主电路的控制关系。由图 2-1 可见，控制电路和辅助电路的电源取自 FU1 的下端 V1 和 W2，经过控制和辅助电路共用的熔断器 FU2，分别向控制电路和辅助电路提供单相交流电源。

只要主电路不过载，热继电器的动断触点 FR 保持闭合接通状态，停止按钮 SB1 未被按压时也保持接通状态。当按压起动按钮 SB2 时，SB2 接通，接触器的线圈通电，衔铁被吸合动作，带动其所有触点改变状态。图中，接触器使用的触点有五对，三对主触点用来控制主电路，一对动合辅助触点用来进行自锁控制

（与起动按钮 SB2 并联），另外一对动合辅助触点（与指示灯 HL2 串联）用来控制指示灯 HL2。

因此，当按压起动按钮 SB2 后，接触器 KM 的线圈通电，主触点接通主电路，使三相异步电动机得电起动运行。同时，接触器的动合触点闭合自锁，保证起动按钮 SB2 松开后，接触器的线圈继续通电。另外一对动合触点闭合，使指示灯 HL2 点亮。

当三相异步电动机处于正常运行状态时，按压控制电路中的停止按钮 SB1，SB1 断开，接触器的线圈 KM 失电，其衔铁在反力弹簧的作用下释放，接触器 KM 的所有触点恢复常态（动合触点断开，动断触点闭合）。三对主触点断开主电路，使异步电动机失电停止工作。起自锁作用的动合触点断开，解除自锁功能，保证松开停止按钮 SB1（闭合）后接触器的线圈继续维持在无电状态。另外一对动合触点断开，使指示灯 HL2 熄灭。

当三相异步电动机处于运行状态时，若出现电动机过载现象或电动机处于缺相运行（电动机的电流会增大），热继电器 FR 串联在主电路的发热元件检测到过电流。经过一段时间后，其串联在控制回路中的动断触点 FR 断开，接触器的线圈 FM 也将失电，其主触点也将断开，使主电路断电，电动机停止运行，从而实现过载保护和缺相保护。

根据接触器的工作原理，还可进一步分析得出该控制电路具有失压和欠压保护功能：当电源电压消失或降低到其额定电压的 70% 以下，接触器的衔铁也将释放，电动机将停止工作。若电源消失后又重新恢复供电，除非重新按压起动按钮 SB2，否则电动机将不会自行起动。

3. 辅助电路的读图

在图 2-1 所示的电气原理图中，辅助电路有两个回路，都是由指示灯构成的。其中，HL1 在 QS 闭合且熔断器 FU1 和 FU2 都处于正常状态时一直保持点亮。因此，HL1 为该电气原理图的"电源"指示灯，HL1 亮，说明电源正常。HL2 只有在接触器线圈通电，动合触点 KM 闭合时才能点亮，只要 KM 线圈失电，动合触点断开，HL2 将立即熄灭。而 KM 线圈通电表明电动机处于运行状态，KM 线圈失电则电动机处于停止状态。因此，HL2 是该电路所控制的异步电动机的"运行"指示灯。

4. 经典读图法的特点

经典读图法的特点是比较直接，只要懂得电气图中图形符号的含义及元器件的原理，通过对电气图的研读就能分析元件或项目如何通电断电，就能分析整个电路的工作原理。但对于较复杂的线路，每个回路串接的元器件触点多、每个元器件的触点控制的回路数多，分析时容易出现遗漏的现象。因此，经典读图法需要一定的经验积累。有经验的电气技术人员见过的线路形式多，对各种电路的结构形式、特点及工作原理了解较为清楚，读图时就比较容易。经验较为不足的技术人员则往往容易出错，有时还会出现越分析感觉思路越混乱的现象。

为了尽量减少这种现象的影响，在复杂的电气图中，继电器、接触器的线圈旁经常标注其触点的索引，触点的旁边也常常标注其线圈的索引。这样就可减少遗漏的发生。然而，对于复杂的电气原理图，元件多，相互控制的关系复杂，发生遗漏的现象通常还是很难避免。这就需要采用辅助方法进行读图。最简单的辅助读图方法是采用辅助记录的方法，拿一张纸，将每个动作后的元器件的所有触点记录下来，逐个分析每个触点控制的回路及其最终的控制结果，然后对已经分析过的触点做记号，直到所有触点都分析完为止。这样做虽然可以避免遗漏，但实际读图时还是会感觉相当的麻烦，而且思路也容易中断，产生新的问题。另外一种方法也可以避免读图时遗漏现象的发生，这就是下面要介绍的逻辑代数读图法。

三、逻辑代数读图方法

逻辑代数法是通过对电路逻辑表达式的运算来分析控制电路的。这种读图方法的优点是各个电气元件之间的联系和制约关系在逻辑表达式中一目了然。根据逻辑表达式可以迅速正确地得出电路元件是如何得电的，为故障分析提供了方便。该方法的缺点是要求读图者掌握逻辑代数的基本知识。

1. 逻辑代数的表示

逻辑代数读图法的依据是将电气原理图的控制关系采用逻辑代数进行表示。逻辑代数只有两个数"1"和"0"，可以分别用来表示电路的"通"和"断"。逻辑代数的"与"运算，可以用来表示电路中触点的"串联"连接关系。假设有一条支路，由两个动合触点 A 和 B 串联，要使这条支路"接通"的条件是 A 和 B 同时闭合。A 闭合、B 闭合，用逻辑代数表示为 A = 1、B = 1。因此，这条支路"接通"的逻辑关系可表示为

$$A \cap B = 1 \text{ 或 } A \times B = 1 \text{ 或 } A \cdot B = 1 \text{ 或 } AB = 1 \qquad (2\text{-}1)$$

逻辑代数的"或"运算，可以用来表示电路中触点的"并联"连接关系。假设有一条支路，由两个动合触点 C 和 D 并联，要使这条支路"接通"的条件是 C 或 D 有一个闭合。C 或 D 有一个闭合，则有 C = 1 或 D = 1。可用逻辑关系表示为

$$C \cup D = 1 \text{ 或 } C + D = 1 \qquad (2\text{-}2)$$

注意，式（2-1）和式（2-2）中的"×"不是普通算术运算中的"乘号"，

"+"也不是"加号"。这里"×"表示"逻辑与"运算，"+"表示"逻辑或"运算。所谓"逻辑与"，可以理解为所有参与运算的量"都"为"1"，结果才为"1"；所谓"逻辑或"，可以理解为所有参与运算的量"只要"有一个为"1"，结果就为"1"。

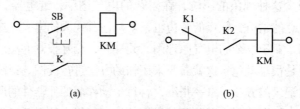

(a)　　　　　　　　　　　(b)

图 2-2　电路的逻辑关系

（a）触点并联；（b）触点串联

采用逻辑代数表示时，线路中的实际触点可以用其代号直接表示，作为"逻辑变量"，线圈则可作为"逻辑函数"，也采用其代号表示。为了区分逻辑代数表达式中的代号是触点（逻辑变量）还是线圈（逻辑函数），可以将线圈的代号用括号"（ ）"括起来，括号的前面用字母"F"表示"逻辑函数"。如图 2-2（a）所示的电路为按钮的动合触点 SB 与另外一个动合触点 K 并联，只要这两个触点有一个接通，接触器线圈 KM 就能够通电。采用逻辑函数表达式表示，该电路可表示为

$$F(KM) = SB + K \qquad (2-3)$$

在式（2-3）中，采用动合触点表示的逻辑，定义为"正逻辑"，与正逻辑相反的是"负逻辑"，负逻辑可以表示动断触点。"负逻辑"与"正逻辑"在逻辑代数中的关系正好是"逻辑非"的关系。所谓"逻辑非"可以理解为"相反"的意思，动合触点"闭合接通"，动断触点就"断开分断"。"逻辑非"可以采用触点的代号上面加一横表示，如图 2-2（b）所示的电路，动断触点 K1，作为逻辑变量时可表示为："$\overline{K1}$"，因此，图 2-2（b）所示的接触器线圈 KM 的逻辑函数可以表示为

$$F(KM) = \overline{K1} \times K2 \qquad (2-4)$$

式（2-4）的逻辑表达式可以理解：要使线圈 KM 通电，即 F（KM）＝1，则应该同时满足：$\overline{K1}$＝1 和 K2＝1。K2＝1 表示的是动合触点（动作）闭合接通；$\overline{K1}$＝1 就是 K1＝0（0 的逻辑非为 1），也就是 K1 不能动作（动断触点不动作才能保持接通）。因此，式（2-4）表示的含义为："当动断触点 K1 不动作的同时，动合触点 K2 动作，则接触器线圈通电。"

2. 采用逻辑代数法读图

有了上面的分析，我们就可采用逻辑代数法来阅读电气原理图了。采用逻辑代数法读图主要应用在对控制电路控制关系的阅读，其他读图步骤与第二节经典读图法相同。即在了解图中相关说明后，一般将整个电路分成主电路、控制电路和辅助电路三个部分分别阅读。读图时通常是首先看主电路；然后再看控制电路，并用控制电路的各回路工作情况去研究主电路的控制过程；最后看辅助电路，补充对整个电路工作原理的认识。

所不同的是，在看控制电路时，要构建控制电路中的各个线圈的逻辑函数表达式。仍然以图 2-1 所示的电路图为例进行说明。根据上面对逻辑函数的说明，可以得到图 2-1 中接触器线圈 KM 的逻辑函数表达式为

$$F(KM) = \overline{FR} \times \overline{SB1} \times (SB2 + KM) \tag{2-5}$$

式（2-5）中，要使 F（KM）= 1，必须满足：$\overline{FR}$ = 1，同时 $\overline{SB1}$ = 1，同时，SB2 = 1 或 KM = 1。$\overline{FR}$ = 1，即热继电器 FR 未动作；$\overline{SB1}$ = 1，即停止按钮 SB1 未被按压；SB2 = 1 或 KM = 1，表示起动按钮 SB2 被按压或自锁触点闭合。将这些说明用文字串起来，可得到："使接触器线圈 KM 保持通电的条件是：在热继电器 FR 未动作，且停止按钮接通的同时，按压起动按钮 SB1 或使接触器的动合自锁触点 KM 闭合自锁。"

根据上面对逻辑函数构建的方法，我们还可得到图 2-1 中的三相鼠笼式异步电动机 M 和运行指示灯 HL2 的逻辑函数表达式

$$F(M) = QS \times FU1 \times KM \tag{2-6a}$$

和

$$F(HL2) = KM \tag{2-6b}$$

式（2-6）表示的是："三相鼠笼式异步电动机 M 通电运行的条件是：隔离开关 QS 闭合，且熔断器 FU1 完好无损，同时接触器 KM 的线圈通电使其主触点闭合"和"运行指示灯 HL2 点亮的条件是：接触器 KM 的线圈通电使其辅助触点闭合"。

从上面的说明看，采用逻辑代数法读图，只要了解逻辑函数的构建方法，就可以得到任何用电器（如线圈、灯，甚至是电动机）通电的逻辑函数，就可分析电路的工作原理。

逻辑代数法读图的主要特点是：列出逻辑函数不需要电气工程方面的经验积累，只要得到逻辑函数的表达式，就能够知道通电的条件和断电的条件（当通电条件不成立时，使逻辑函数等于 0 的条件就是断电的条件）。但采用逻辑代数法读图对于习惯经典读图者来说，一开始可能有点不习惯，而且对于简单的电路来说，好像并没有得到什么好处。然而，对于复杂的电路，应用逻辑代数法读图却能够避

免对某个触点漏分析的现象，能够比较准确地分析出电气原理图的工作原理。

当然，对于复杂的电路，逻辑函数的表达式可能比较长。但逻辑函数长的电路，读图时本来就比较难以分析。逻辑函数虽然长，却能够提供比较准确的分析，这本身实际就是一种改进。而且遇到逻辑函数较长时，还可对逻辑函数的表达式进行一定的处理或简化。一般可将逻辑函数分析得到的条件分成若干组，将逻辑函数简化后再分析。有时也可利用逻辑函数简化规则进行简化，不过这要求有较为扎实的数学功底。有兴趣的读者不妨试一试。

第四节　其他电气图纸的读图

在第一章第二节我们介绍各种电气图时，表 1-2 表示的是功能性图，包括：概略图、功能图、逻辑功能图、电路图、端子功能图、程序图、功能表图和顺序表图等 8 种。除了上一节介绍的电路图读图以及第一章介绍的概略图的画法外，还有多种功能性图未作说明。下面将简单介绍这些图的用途及读图要点。

一、其他功能性图的特点

所谓功能性图，是指具有某种专门功能的图，如电路图具有表示系统、设备电气原理的功能。功能性图表示的是理论的或理想的电路而不涉及实现方法的一种图，其用途主要是提供绘制其他相关图的依据。要读懂功能性图，一般必须具备相应的知识。

功能性图所指的"图"包含两类，一类是用图形符号、带注释的围框或简化外形表示系统或设备中各组成部分之间相互关系及其连接关系的一种图，称为简图；另一类是表明两个或两个以上变量之间关系的一种图，称为表图。在不致引起混淆时，这两种图都可简称为图。这里的变量是系统工作时变化的量，可以是系统工况的变化，也可以是某个单元、项目状态的变化，或是工作时参数的变化等。可以这么理解，简图表示的是实际项目相互间的关系（尤其是连接关系）；而表图表示的则主要是变量间的逻辑关系或因果关系。

二、功能图、逻辑功能图和端子功能图及其读图

功能图就是功能简图的简称。正如表 1-2 中的解释，功能图是表示理论的或理想的电路而不涉及实现方法的一种简图。逻辑功能图、端子功能图都属于功能图的范畴，只不过它们表示的是一定专门内容，因此具有专门的名称。除了这

两种功能图外，在电气工程还可见到的功能图是等效电路图。

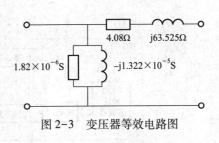

图2-3　变压器等效电路图

所谓等效电路图，是表示理论或理想的元件及其连接关系的一种功能图，供分析和计算电路特性和状态之用。如图2-3所示的是某三相电力变压器中一相的T形等效电路图。

图2-3中标注有变压器的额定参数，等效电路由一个等效电阻和一个等效电抗及一个等效电导和一个等效电纳组成。其中，S（西门子，也有用姆欧 Ω^{-1} 表示）是电导和电纳的单位。有了这些数值，不仅可计算变压器空载电流，还能计算变压器短路电流、运行时电压降落，达到对电力系统进行分析的目的。

按照表1-2所述，端子功能图是表示功能单元全部外接端子，并用功能图、表图或文字表示其内部功能的一种简图。对于引出端数量很多的元件，如果其图形符号在单张简图上所占的位置过大，则可采用端子功能图进行表示，如图2-4所示的是8051单片机芯片的端子功能图。8051单片机芯片有40个端子，将其40个端子的编号和功能（用代号标注）都表示出来，就成为端子功能图。通过该图，懂得单片机的读者就能够容易地明白其各个端子的功能了。

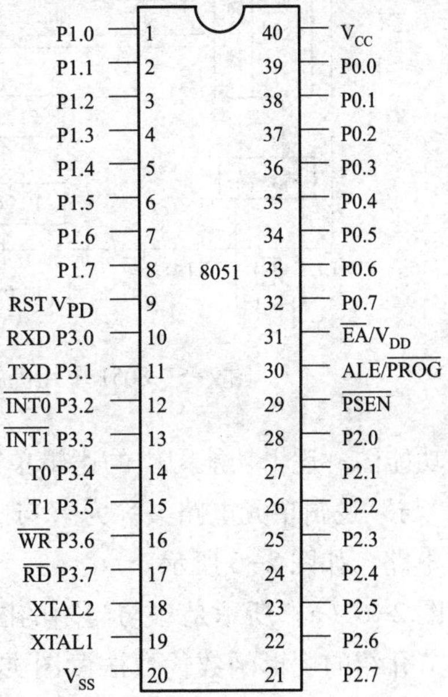

图2-5所示的是8051单片机芯片端子功能图的另一种表示方法。图2-5的端子功能图比图2-4的端子功能图

图2-4　8051单片机芯片端子功能图

更为详细，在表示芯片的点划线框的内部，采用文字注释表示其内部的组成和功能。通过图2-5所示的端子功能图，不仅能够明白8051单片机各个端子的作用，还能够从总体上了解其内部的组成和工作原理。采用文字注释表示其内部的组成和功能，从另外一方面也帮助理解8051单片机芯片各个端子的功能。

按照表1-2所述，逻辑功能图是主要使用二进制逻辑单元图形符号绘制的

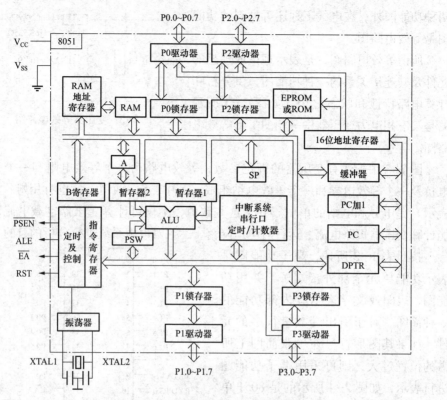

图 2-5　8051 单片机芯片端子功能图（详细模式）

一种功能图。逻辑功能图中的逻辑单元一般包括"与"、"或"等逻辑关系的单元。"与"逻辑单元电路又称为"与门"电路，"或"逻辑单元电路又称为"或门"电路，如图 2-6 所示。

图 2-6（a）所示是"与门"的图形符号，符号的左边有多个输入端子。和上一节介绍的逻辑函数代数法读图类似，"与门"的逻辑关系是只有输入（条件）都为"1"（高电平），输出（结果）才为"1"（高电平），否则为"0"。图 2-6（b）所示是"或门"的图形符号，"或门"的逻辑关系是只要输入有一端为"1"，输出就为"1"，否则为"0"。图 2-6（c）和（d）所示分别是"与非门"和"或非门"。"与非"的逻辑关系是，只有输入都为"1"，输出才为"0"，否则输出为"1"。所谓"与非"，就是先"与"，然后再"非"（取反）。同样，"或非"的逻辑关系是只要输入有一端为"1"，输出就为"0"，否则为"1"。

在电气工程中，对于功能图（等效电路图）、逻辑功能图和端子功能图读图

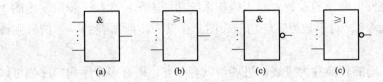

图 2-6　逻辑单元

(a) 与门；(b) 或门；(c) 与非门；(d) 或非门

的目的主要是读懂它们表示的内容，能够与其他图对照，为读懂其他电气图样提供相应参考。而要懂得它们表示的内容，就要求具有相应的理论知识。如，要读懂图 2-3 的等效电路图，就必须懂得有关变压器的知识；要读懂图 2-4 和图 2-5，就必须懂得有关单片机的知识；同样要读懂逻辑功能图就必须懂得有关逻辑代数的知识，而且由于逻辑功能图常常用来表示数字电路，因此也要求懂得数字电路的基本知识。

三、功能表图和顺序表图及其读图

根据表 1-2，功能表图是采用步和步的转换来描述控制系统的功能、特性和状态的表图。如图 2-7 所示为异步电动机起动操作过程的功能表图。图中，1、2、3 和 4 分别是功能表图的"步"，"步"的图形符号采用方框表示。第一步为"起始步"，采用双层框，以示与其他步的不同。框与框之间用连线表示两步之间的顺序转换，在框与框之间的连线上加一与连线垂直的短划线表示两步之间的"转换"。表示"转换"的短划线旁边标注的"=1"表示转换条件。表示"步"的框其侧面通过一条线与另外一个框连接，所连接的框用来表示"动作"或"命令"。

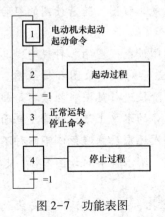

图 2-7　功能表图

在功能表图中，两个步之间一定要用转换隔开，如果一个步中有多个动作或多个命令，可以采用表示"动作"和"命令"的框紧邻布置，再用一条连线与步相连。所谓动作，可以理解为工作状态或工作程序等；所谓命令，则可理解为系统发出的指令。动作和命令实际上属于同一个概念，是一个信号的概念。一般一个控制系统可以分为相互依存的两个部分：① 被控系统，包括执行实际过程的操作设备；② 施控系统，接收来自操作者、过程等的信息

并给被控系统发出命令的设备。对于施控系统功能表图，在某一步所发出的一个信号称为"命令"；对于被控系统功能表图，在某一步所得到的一个信号则称为"动作"。

步与步之间的转换称为进展，进展可以有分支，即有多个序列。序列可以是选择序列或并行序列。在功能表图中还可以有"子序列"，子序列就像程序中的子程序一样，可重复使用。

根据表1-2所示顺序表图是表示系统各个单元工作次序或状态的图。各单元的工作或状态按一个方向排列，并在图上直接绘出过程步骤或时间。实际上顺序表图与功能表图相似，只不过在功能表图中，步表示的内容主要是系统的功能、特性。而在顺序表图中，步表示的内容则主要是有一定顺序的状态。此外，功能表图的转换条件通常是某个状态的满足，而顺序表图的转换条件则可以是步骤或时间。

 小　结

读电气工程图的最基本应用主要有三个方面：电气工程的审核及编制预算；电气工程的安装；电气工程的管理与维修。管理维修时，读图的工作量最少，要求最为基本，相对也最为简单；审核预算时，读图工作量最大，要求最高，相对也最为复杂。读电气工程图，首先应该明确读图的目的，然后根据不同的目的进行读图，才能收到较好的效果。

读电气工程图的要求主要有以下几个方面：具有电工基础知识；熟悉有关标准；熟悉图的特点；掌握常用图形和文字符号；清楚元件结构和原理；掌握读图的一般规律。具备这几方面条件者，一般就能读电气工程图。随着读图的经验积累，读图的技巧和水平将不断提高。

读电气工程图一般有四个步骤：首先应该详细阅读电气图的各种说明；其次阅读概略图；重点放在读电路图（电气原理图）；最后对照安装图和接线图。对于复杂的电气系统，还可分粗读、细读和精读三个阶段进行读图。粗读不是粗糙地、不求甚懂地读，而是将着眼点放大一点，从总体的水平上读；细读是全面仔细地读；精读则是有选择有重点地读。读电气工程图还应注意避免以下四种不良习惯：杂乱无章的读图习惯；急于求成的读图习惯；不求甚解的读图习惯；想当然的读图习惯。

电气安装类图纸是指导电气系统安装的主要依据，一般包括：① 安装说明文件、② 设备元件表、③ 总平面图、④ 安装图、⑤ 安装简图、⑥ 装配图、

⑦ 布置图、⑧ 单元接线图、⑨ 互连接线图、⑩ 端子接线图、⑪ 电缆图等 11 种类型的图样和文件。

　　读电气安装类图的目的主要是：了解系统总体组成与要求，知道各个项目的具体位置，清楚各种线缆的走向，明白各个单元与项目的连接关系。读电气安装类图纸除了遵守电气读图的一般注意事项外，还应注意：明确目的，对照土建资料，对照原理图，以回路标号为重点，以端子板为依据，先读主电路后读辅助电路。

　　施工之前读安装类图一般包括：设计说明的阅读、总电气平面图与电气平面图的阅读、安装接线图的阅读、装配图的阅读、电缆清册的阅读和设备材料表的阅读六个方面。读图首先应该从设计说明的阅读入手，重点掌握平面图、接线图和装配图的阅读。

　　设备检修时读安装类图，相对比较简单。但应该首先阅读安装说明文件和维修说明文件，然后有针对性地选择平面图和接线图进行阅读。阅读的主要目的是：明确有关安装、维修方面的要求，掌握检修所涉及项目的具体位置和连接关系。

　　电气原理图常常被称为电路图，主要指动力设备（电动机拖动控制系统）的原理图，在配变电系统中，也指二次控制回路和自动控制装置的电路图。电气原理图一般可以分为三部分：主电路、控制电路和辅助电路。电气原理图的读图目的主要有三点：了解电路的总体组成、功能和控制方式；了解电路的安全保护措施；分析控制电路的工作原理。阅读电气原理图的方法主要有经典读图方法和逻辑代数读图法两种。

　　经典读图法就是直接看图法，也是分析电气原理图的最基本方法。一般从主电路入手，根据主电路中各个电动机和执行器的控制要求，逐一找出辅助电路中的控制环节，分析联锁和保护以及特殊的控制环节，然后进行总体检查，以达到清楚地理解电路图中每一个电器元件的作用、工作过程及主要参数。

　　看主电路时，应从用电元件，从下往上看，直到电源。看控制电路和辅助电路时，应该自上而下、从左向右看。即先看电源，再看各个回路，分析各条回路元件的工作情况及其对主电路的控制关系。看辅助电路主要是为了了解电气原理图的其他信息，达到对整个电路的全面理解和掌握。经典读图法的特点主要是：比较直接，但容易造成遗漏和混乱，需要一定读图经验的积累。

　　逻辑代数法是通过对电路逻辑表达式的运算来分析控制电路的。其主要优点是：各个电器元件之间的联系和制约关系在逻辑表达式中一目了然。但要求读图者掌握逻辑代数的基本知识。

　　逻辑代数法读图时，项目（线圈）的通电状态用逻辑函数表示，控制项目

通电的条件（触点）作为逻辑变量。触点的串联是逻辑的"与"关系，触点的并联是逻辑的"或"关系。动合（常开）触点为正逻辑，动断（常闭）触点为负逻辑，负逻辑及正逻辑之间的关系为"逻辑非"。逻辑值"1"表示线圈的通电、触点的动作（动合触点闭合，动断触点断开），逻辑值"0"表示线圈的断电、触点的复位（动合触点断开，动断触点闭合）。

?—思考题—

2-1　电气读图的主要目的是什么？

2-2　要读懂电气图，需要具备什么条件？

2-3　读电气工程图的一般步骤有哪些？

2-4　对于复杂的电气系统，读图可分为哪些阶段？各个阶段的特点是什么？

2-5　读电气图需要注意避免的不良习惯有哪些？为什么说这些习惯为不良习惯？

2-6　读电气安装类图的主要目的是什么？

2-7　读电气安装类图纸除了遵守电气读图的一般注意事项外，还应注意什么？

2-8　设备检修时读电气安装类图有什么特点？应该读哪些图？目的是什么？

2-9　什么是电气原理图？其基本组成是什么？

2-10　什么叫主电路？什么叫控制电路？什么叫辅助电路？它们各有什么特点？

2-11　读电气原理图的目的是什么？

2-12　读电气原理图的方法有哪些？

2-13　什么是经典读图法？它的主要特点是什么？

2-14　什么是逻辑代数读图法？它的主要特点是什么？

2-15　在逻辑代数读图法中，什么是逻辑函数？什么是逻辑变量？

2-16　在逻辑代数读图法中，如何表示触点的串联？如何表示触点的并联？

2-17　逻辑变量和函数的取值范围是什么？逻辑变量和函数值分别表示什么电路状态？

2-18　如何构建一个逻辑函数？试举例说明。

2-19　采用逻辑代数读图法如何阅读电气原理图？

2-20　逻辑代数读图法的特点是什么？

第三章

供配电系统电气读图

本章提要

供配电系统是电力系统的一个重要组成部分。本章第一节主要介绍电力系统的基本概念、电力系统与供配电系统的关系、供配电系统的分类。第二节和第三节分别介绍两种不同类型的供配电系统电气工程图、一般住宅和变配电所电气工程图的识图。

第一节 概 述

要读供配电系统的电气图，应该首先了解供配电系统的种类和特点。要了解供配电系统的种类和特点，则应该先了解有关供配电系统的基本概念。因此，本节主要介绍供配电系统的类型、组成特点及其相关电气工程图的主要组成。

一、各种不同的供配电系统

供配电系统主要应用于电力系统中，所谓电力系统就是一个由生产、输送和消费电能的多环节有机配合协调工作的整体的系统，由发电机、电力网和负荷组成。其中电力网又分为输电系统和配电系统。升压变压器和输电线路称为输电系统；降压变压器和配电线路部分称为配电系统。电力系统的组成如图 3-1 所示。电力系统常采用概略图（系统图）表示，如图 3-2 所示。供配电系统主要是指电力网，是包含电力系统中的输电线路和配电系统的，其主要组成就是电力系统中的变压器、输电线路和各种控制保护装置。

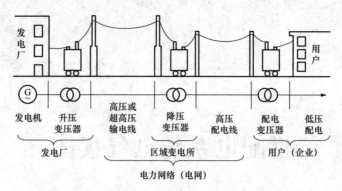

图 3-1　电力系统的组成

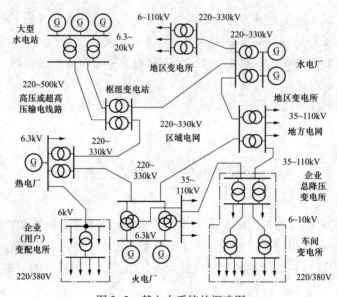

图 3-2　某电力系统的概略图

1. 电力系统的常见分类

根据中性点运行方式不同，电力系统可分为中性点接地与不接地两种。中性点直接接地的系统称为大电流接地系统；不接地或经消弧线圈接地的系统称为小电流接地系统。一般而言，110kV 高压系统采用直接接地方式。6～10kV 中压系统首选不接地方式，当通过接地电容的电流超过规定值时（6～10kV 线路为30A，35kV 线路为10A），应采用中性点经消弧线圈或电阻接地方式。低于 1kV 低压配电系统通常都为直接接地方式。

根据电能输送方式的不同，电力系统可分为交流和直流两种。直流输送方式

主要应用场合为：跨海输电、远距离大容量输电、两个不同频率电网的连接。其他一般为交流输送方式。直流输送方式的特点主要有：线路无分布电抗和对地分布电容、线路架设方便、能耗小、导线截面可充分利用（没有趋肤效应）、绝缘强度高。但直流输送方式换流难、有高次谐波、直流开关制造较难。

2. 电力系统的负荷

根据对负荷供电可靠性要求和允许停电程度的不同，目前我国将电力系统的负荷分为：一级负荷、二级负荷和三级负荷等三个级别。所谓一级负荷，是指若停电将造成人身设备事故、产生废品，使生产秩序长期不能恢复正常，或者产生严重的社会影响，使城市人民生活发生混乱等的用电负荷。属于一级负荷的有煤矿、化工厂、电台、医院、大型计算机中心、卫星地面站及电气化铁路等。二级负荷是指若停电将造成大量减产，使城市人民生活受到影响等。属于二级负荷的有非连续生产工厂、一般机关团体、学校等。一、二级负荷以外的负荷称为三级负荷，如工厂的多数车间、小城镇和农村等。

3. 常见配电系统

供配电系统是电力系统的一个重要组成部分，包括电力系统中的区域变电所和用户变电所，涉及电力系统电能发、输、配、用的后两个环节，其运行特点、要求和电力系统基本相同。在供配电系统中，功率流动方向通常是单向的，即从电源端流向用户端。其主要目的是将电力系统中的电能通过降压和一定的分配方式变换成各电能用户的用电设备所能使用的电能。由图 3-2 可见，目前供配电系统的电压等级通常在 220~330kV 之间。按照电力网的电压等级区分，配电系统可分为高、中、低压系统。110kV 及以上为高压配电系统，6~10kV 之间一般称为中压配电系统，1kV 及以下为低压配电系统。

电力系统的电能是通过供配电系统向用户供应的。电能的使用主要集中在工业、商业和居民用电三个部分。向工业企业供电的供配电系统通常称为工业企业供配电系统，向商业和居民供电的供配电系统则通常称为民用供配电系统。

对于不同规模的电能用户，由于其所需功率和供电范围的不同，应建立不同电压等级的配电网。电压等级不同，需要采用的降压级数也不一样。根据降压级数的不同，供配电系统可分为：二级降压的供配电系统、一级降压的供配电系统和直接供电的供配电系统。

对于某些大型、特大型民用建筑群或工业企业，一般采用两级降压的供配电系统，由总降压变电站将 110kV 或 35kV 电压降为 10kV 电压送至分变电所，在分变电所再降至 0.38/0.22kV 向用电设备供电。若有中压用电设备，则第一级降压至 3/6kV 向中压用电设备供电，再将 3/6kV 降至 0.38/0.22kV 向低压配电

设备供电。此时总降压变电所相当于区域变电所，分变电所相当于用户变电所。

对于中型建筑或工业企业，一般采用一级降压的供配电系统，由用户变电所将 10kV 电压降至 0.38/0.22kV 向用电设备供电。对于小型建筑或工业企业，根据其电能需求量的大小以及周边供配电设施的情况，可采用一级降压的供配电系统，也可直接由附近变电所的 0.38/0.22kV 电源向用户供电。

4. 供配电系统的接地与接零

三相交流低压电网的接地方式有三种五类，如图 3-3 所示。其中接地方式名称中，第一个字母 T 表示电力系统的中性点直接接地，I 表示电力系统中性点与地隔离（即对地绝缘或通过高阻抗与地连接）。第二个字母表示用电设备的外露可导电部分对地的关系：T 表示与地有直接的电气连接而与配电系统的任何接地点无关，N 表示与配电系统的接地点有直接的电气连接。第二个字母后面的字母表示中性线与保护线的组合情况：S 表示分开（单独），C 表示公用，C-S 表示开头部分是公用，后面部分分开。

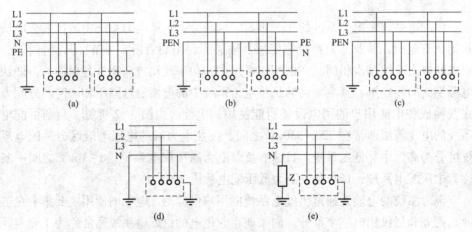

图 3-3　低压配电系统的接地与接零

(a) TN-S 系统；(b) TN-C-S 系统；(c) TN-C 系统；(d) TT 系统；(e) IT 系统

图 3-3（a）所示的 TN-S 系统，又称为"三相五线制中性点直接接地系统"，主要用于环境较差的场所，是接地保护最为可靠的方式。但由于采用五条线供电，成本价格较高。图 3-3（b）所示的 TN-C-S 系统，是为了提高部分环境较差场所的接地保护可靠性而采用的一种接地方式，但相对于 TN-S 系统，其可靠性还是存在一定的不足。图 3-3（c）所示的 TN-C 系统，又称为"三相四线制中性点直接接地系统"，接地保护可靠性比 TN-C-S 系统更低，主要用于环境相对不很差的场所，我国大部分民用供配电系统采用的就是这种接地方式。

图3-3（d）所示的 TT 系统，则主要用于农村集体电网等小负荷供配电系统，接地保护可靠性完全取决于接地线的状态及其安装工艺。图3-3（e）所示的 IT 系统，又称为"三相四线制小电流接地系统"，主要用于单独的局部电网。

二、供配电系统的组成特点

供配电系统由一次部分和二次部分组成。系统中用于变换和传输电能的部分称为一次部分，其设备称为一次设备（如变压器、发电机、电力线路、互感器、避雷器、无功补偿装置等），由这些设备组合起来的电路称为一次回路。只有一次部分的系统可进行电能的接收、变换和分配，但不能进行监测以了解运行情况，更不能对系统进行保护（即自动发现并排除故障）和控制。

系统中用于监测运行参数（电流、电压、功率等）、保护一次设备、自动进行开关投切操作的部分称为二次部分，其设备称为二次设备（如测量仪表、保护装置、自动装置、开关控制装置、操作电源、控制电源等），由这些设备组合起来的电路叫二次回路。二次回路配合一次回路工作，构成一个完整的供配电系统。二次设备的主要作用是对一次设备的工作进行监测、控制、调节、保护，它们还可为运行、维护人员提供运行工况或生产指挥信号，如熔断器、控制开关、继电器、计量和测量表计、控制电缆等。由二次设备相互连接，构成对一次设备进行监测、控制、调节和保护的电气回路称为二次回路或二次接线系统，包括控制系统、信号系统、监测系统及继电保护和自动化系统等。

二次回路按电源性质分为直流回路和交流回路。直流回路是由直流电源供电的控制回路（电动回路和自动回路）、保护回路和信号回路；交流回路又分交流电流回路和交流电压回路。交流电流回路由电流互感器供电，交流电压回路由电压互感器或所用变压器（变电所专用变压器）供电，构成计量和测量、控制、保护、监视、信号等回路。二次回路按其用途分为断路器控制（操作）回路、信号回路、测量回路、继电保护回路和自动装置回路等。

三、电气工程图的主要类型

如前文所述，供配电系统由一次部分和二次部分组成，所以供配电系统中的电气工程图也主要分为：一次接线图、二次接线图和继电保护图等。

一次接线图是指表示供配电系统电能输送和分配路线的接线图，称为主接线图（或主结线图）。它是由电力变压器、开关电器、互感器、母线、电力电缆等电气设备连接而成的接收和分配电能的电路图，也就是描述一次设备的全部组成和连接关系，表示电路工作关系的简图。

用来表示控制、指示、测量和保护主接线（主电路）及其设备运行的接线图，称为二次接线图（或二次结线图），也称二次回路图（或二次电路图）。二次接线图是二次回路各种元件设备相互连接的电气接线图，通常分为归总式原理接线图（简称原理图或原理接线图）、展开式接线图（简称展开图）和安装接线图（简称安装图）三种。它们各有特点而又相互对应，但其用途不完全相同。

原理图的作用在于表明二次系统的构成原理，它的主要特点：二次回路中的元件设备以整体形式表示，而该元件设备本身内部的电气接线通常并不给出，同时将相互联系的电气部件和连接画在同一张图上，突出表现二次回路明确的整体概念。这里的原理图，可以理解为结构原理图。

展开图是将二次系统有关设备的部件（如线圈和触点）解体，按供电电源的不同分别画出电气回路接线图，如交流电压回路、交流电流回路、直流控制回路、直流信号回路等。因此，同一设备的不同部件往往被画在不同的二次回路中，展开图既能表明二次回路的工作原理，又便于核查二次回路接线是否正确，有利于寻找故障。这里的展开图，与第一、二章的电路图或电气原理图的作用类似，只不过在电力系统工程中常常称之为展开图，本书介绍的二次接线图主要就是展开图。

安装图用于电气设备制造时装配与接线、变电所电气部分施工安装与调试、正常运行与事故处理等方面。供配电系统的安装图通常可分为屏（盘）面布置图、屏（盘）背面接线图和端子排图（即端子接线图）三种，它们相互对应、相互补充。屏面布置图表明各个电气设备元件在配电盘（控制盘、保护盘等）正面的安装位置；屏背面接线图表明各设备元件间如何用导线连接起来；端子排图用来表明屏内设备与屏外设备需通过端子排进行电气连接的相互关系。

供配电系统中，仅有一次接线图和二次接线图是不够的。由于运行中的供配电系统和设备可能发生各种故障和不正常的工作状态而需采取相应的保护措施，所以还应有继电保护装置图。保护装置就是用于反映电气设备的故障或不正常工作状态，而使断路器跳闸或发出信号的自动装置。

供配电系统发生故障时，相对于正常运行状态，很多电气参数都会发生明显变化。利用供电系统故障时的参数与正常运行时的参数之间存在的差别，可以构成各种不同原理的保护装置。例如：利用电流增大的特点可以构成过电流保护；利用电压降低的特点可以构成低电压保护；同时利用电流增大和电压降低的特点可以构成阻抗保护；利用电压与电流间相位角的变化可以构成方向保护；利用负序（或零序）电压（或电流）可以构成灵敏的序分量保护；利用流入与流出电气元件电流的相量差可以构成电流差动保护等。

此外，还可根据电气设备的特点采用反映非电量的保护装置。例如：利用变

压器油箱内部的绕组短路时可使变压器油受热分解产生气体,可以构成瓦斯保护装置;当变压器、电动机过负荷或冷却系统发生故障时,会直接作用于绕组、变压器油或其他部件,使其温度升高,从而可以构成温度保护装置。

对于供配电系统的保护装置,还包括接地与防雷保护,对应的就有接地和防雷保护图。针对雷电过电压对供配电系统的危害,一般采用与大地相连接的接地系统,从而达到保护设备安全的目的。

第二节 一般住宅电气工程读图

民用住宅通常分三种类型,即普通平房、住宅楼、高层建筑。其中,住宅楼是指 2~7 层的住宅楼房,它在民用住宅中是最具有代表性的。掌握了住宅楼的电气线路,对于平房和高层建筑住宅的电气线路也就基本掌握了。

民用住宅楼的电气线路较为简单,一般包括照明、电话、有线电视,较高级的住宅还有空调、火灾自动报警及自动消防系统、防盗保安系统、电子监控系统及其附属的动力装置等。表 3-1 和表 3-2 分别是某住宅工程图的图样目录和设备材料表。其电气线路主要包括照明、电话、有线电视及防雷四部分。下面分三个部分分别对其进行介绍。

表 3-1   电 气 图 样 目 录

序号	图别图号	图纸名称	采用标准图或重复使用图		图纸尺寸	备注
			图集编号或工程编号	图别图号		
1	电施 1/12	说明 设备材料表			2 号	
2	电施 2/12	底层组合平面图			2 号加长	
3	电施 3/12	配电系统(概略)图			2 号加长	
4	电施 4/12	BA 型标准层照明平面图			2 号加长	
5	电施 5/12	BA 型标准层弱电平面图			2 号加长	
6	电施 6/12	B 型标准层照明平面图			2 号	
7	电施 7/12	B 型标准层弱电平面图			2 号	
8	电施 8/12	C 型标准层照明平面图			2 号	
9	电施 9/12	C 型标准层弱电平面图			2 号	
10	电施 10/12	地下室照明平面图			2 号加长	
11	电施 11/12	屋顶防雷平面图			2 号加长	
12	电施 12/12	CATV 系统(概略)图 电话系统(概略)图			2 号	

表 3-2　　　　　　　　　　设 备 材 料 表

设备名称	设备型号	单位	备　　注
照明配电箱	XRB03-G1（A）改	个	底距地 1.4m 暗装
照明配电箱	XRB03-G2（B）改	个	底距地 1.4m 暗装
荧光灯	30W	套	距地 2.2m 安装
荧光灯	20W	套	距地 2.2m 安装
环型荧光吸顶灯	32W	套	吸顶安装
玻璃罩吸顶灯	40W	套	吸顶安装
平盘灯	40W	套	吸顶安装
平口灯	40W	套	吸顶安装
二联单控翘板开关	P86K21-10	个	距地 1.4m 暗装
二三极扁圆两用插座	P86Z223A10	个	除卫生间、厨房阳台插座安装高度为 1.6m 外其他插座安装高度均为 0.3m，卫生间插座采用防溅型
单联单控翘板防溅开关	P86K21F-10	个	距地 1.4m 暗装
单联单控翘板开关	P86K11-10	个	距地 1.4m 暗装
拉线开关	220V4A	个	距顶 0.3m
光声控开关	P86KSGY	个	距顶 1.3m 暗装
电话组线箱	ST0-10 ST0-30	个	底距地 0.5m
电话过路接线盒	146HS60	个	底距地 0.5m
电视前端箱	400×400×180	个	距地 2.2m 暗装
分支器盒	200×200×180	个	距地 2.2m 暗装
电话出线座	P86ZD-1	个	距地 0.3m 暗装
有线电视出线座	P86ZTV-1	个	距地 0.3m 暗装
二极扁圆两用插座	220V10A	个	距地 2.3m 暗装
接地母线	-40×4 镀锌扁钢或基础梁内主筋	m	
避雷带	$\phi8$ 镀锌圆钢	m	
管内导线	BX35mm^2 BX25mm^2 BX35mm^2	m	
管内导线	BV35mm^2 BV25mm^2 BV10mm^2	m	
管内导线	BV2.5mm^2	m	
电话电缆	HYV（2×0.5）×10	m	
电话电缆	HYV（2×0.5）×20	m	
电视电缆	SYV-75-9	m	
电视电缆	SYV-75-5	m	
电话线	RVB（2×0.2）	m	

设备名称	设备型号	单位	备　注
焊接钢管	SC50 SC32 SC25	m	
PVC 阻燃塑料管	PVC15	m	

设计说明:

1. 土建情况: 本工程为砖混结构, 标准层层高 2.8m。

2. 供电方式: 本工程电源为三相四线架空引入, 引自外电杆, 电压 380/220V。

3. 导线敷设: 采用焊接钢管或 PVC 管在墙、楼板内暗敷, 图中未致明处为 BV (3×2.5) SC15 或 BV (3×2.5) PVC150 相序分配上 1~2 层为 L1 相, 3~4 层为 L2 相, 5~6 层为 L3 相。

4. 保护: 本工程采用 TN-C-S 制, 电源在进户总箱重复接地。利用基础地梁作接地极, 接地电阻不大于 4Ω, 否则补打接地极。所有配电箱外壳、穿线钢管均应可靠接地。

5. 防雷: 屋顶四周设置避雷带, 并利用结构柱内两根主筋作引下线, 顶部与避雷带焊接, 底部与基础地梁焊接为一体。实测接地电阻不大于 4Ω, 否则补打接地极。

6. 电话及电视: 电话采用架空引入, 电话干线采用电缆, 分支线采用 RVB (2×0.2) 型电话线, CATV 采用架空引入, 各层设置分支器盒, CATV 干线采用 SYV-75-9 型电缆, 分支线采用 SYV-75-5 型电缆。

一、配电系统图的读图

图 3-4 是该住宅楼照明配电概略图。如第一章第三节介绍, 以图形符号为主表达的、用于表示系统的概略图常称为系统图。读概略图的主要目的是对整个系统相互之间关系有一个较全面的认识。下面就根据这个目的, 来了解该住宅楼照明系统的组成和相互之间的关系。

根据概略图的读图目的, 通过图 3-4, 主要应该读懂: ① 该住宅楼照明系统的总体组成; ② 各个组成部分之间的有关信息 (包括单元总配电箱组成元器件的型号、各分配电箱组成元器件的型号、线缆走向与型号等)。

1. 总体组成

由图 3-4 可见, 该住宅楼的照明系统分为六个单元, 每个单元的组成相同, 都有六层楼, 每层楼有都有一个配电箱 (图中采用点划线框表示的部分)。首层的配电箱由三部分组成: ① 三相四线总电表及总控三相断路器; ② 两户的单相分电表及每户三个单相断路器 (空气断路器); ③ 控制本单元地下室和楼梯间照明的两个单相断路器。二至六层楼的配电箱相同, 但与首层配电箱不同。每个配电箱内只有两户的单相分电表及每户三个 (两户共六个) 单相断路器。

每户的照明配电由单相分电表引出, 经过三个单相断路器分成三路, 分别向照明 (灯)、客厅与卧室的插座、厨房与阳台插座供电。

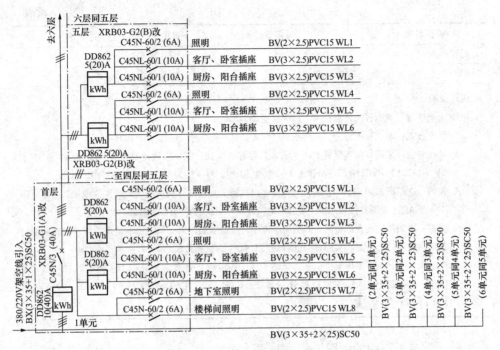

图 3-4　某住宅楼照明配电概略图

2. 总配电箱

照明系统的电源采用的是三相四线制，由架空线引入各个单元首层楼的配电箱。总配电箱的型号为"XRB03-G1（A）改"。其中，"改"表示配电箱在原来型号为"XRB03-G1（A）"的基础上进行改进。在总配电箱中，总电表为三相电表，型号为"DD862 10（40）A"；每户分电表为单相电表，型号为"DD862 5（20）A"。

总配电箱中，总控三相断路器的型号为"C45N/3（40）A"，"C45N"为其系列号，"/3"表示三相，"（40）A"为额定电流40A。每户的三个断路器型号分别为：照明控制断路器型号"C45N-60/2（6）A"，两路插座控制断路器的型号都是"C45NL-60/1（10）A"。其中"C45N-60"和"C45NL-60"都是系列号；"/2"表示两极（两极同时通断），"/1"表示单极（单极通断）；"C45NL-60"中的L表示具有漏电保护功能；"（6）A"和"（10）A"都是表示额定电流。

由概略图总配电箱部分还可看到，总电表的进线有四条，而总控三相断路器通往二至六层的配电输出有五条线。要看懂其中内容，就需要有如下电工基本

知识。

（1）一般照明用电为单相交流电，而电源却是三相交流电。三相交流电的额定电压（线电压）为380V，单相交流照明用电额定电压为220V，即一条相线与零线（中性线）之间的电压。为了保证三相供电的质量，一般要求三相负荷应该尽量对称（相等）。因此，三相电源的三根相线应该平均分配给六层楼。如表3-2中最后部分的"设计说明"所述："1~2层为L1相，3~4层为L2相，5~6层为L3相"。也就是说，通往二至六层的五条线中，有三条相线：一条供给2层，一条供给3~4层，另外一条供给5~6层。

（2）应该明白第一节中介绍的接地保护方式。该住宅楼的照明供电电源为TN-C制，经过总配电箱后就变成"TN-C-S"制了（参考表3-2中设计说明部分第四点有关保护的说明）。如何实现这种变换呢？一般是在总配电箱设置两个专用接线端子排，其中一个端子排专门用来连接每层每户的线［如图3-3（b）中所示的"N"］，另外一个端子排专门用来连接每层每户的保护接地线［如图3-3（b）中所示的"PE"］。最后将这两个端子排与三相四线制（TN-C）交流电源的零线或中性线PEN连接。因此，通往二至六层的五条线中，有三条相线，一条是零线N，一条保护接地线PE。实际接线时应该注意，虽然PE和N两条线都是连接到三相交流电源的PEN，但在各层的分电箱里，PE和N应该设置两个专门的接线端子排。并且每户的每个回路中的PE线和N线不能接错端子排，否则就存在安全隐患，可能引发安全事故。

在总配电箱里，总控三相断路器到两个分电表的三条线中只有一条相线，另外两条分别是PE和N。每户的分电表到三个单相断路器的接线由断路器的型号及输出线缆的标注可以看出。照明支路（WL1和WL4）只有两条线，两条线都通过断路器连接。其中一条是相线，另外一条是零线N。每户的两路插座（WL2、WL5和WL3、WL6）都是三条线，一条相线通过相应的断路器（单极），另外两条没有通过断路器直接输出，分别为PE和N线。根据一般插座的接线规定：面向安装在墙上的单相三孔插座时，保护线PE接上孔，相线接右孔，零线N接左孔。

从配电箱引出到各户的每个支路线缆，标注有该支路的用途、导线型号、敷设方式和支路编号。支路的用途采用中文直接标注，导线的型号都是BV，BV后括号里的第一个数字表示导线的根数，乘号后面的数字表示导线芯线的截面积，单位是mm^2。敷设方式的标注都是PVC15，表示穿管敷设，线管型号为PVC15。其中，"PVC"为具有阻燃作用的塑料管，"15"表示管径为15mm。支路的编号采用"WL"加数字表示。

除了两户照明配电引出线外，在首层楼的总配电箱里，由总控断路器引出的线中，还分别经过两个单相断路器，引出两路分别作为地下室照明和楼梯间照明用。支路编号分别为 WL7 和 WL8。两个单相断路器的型号都是"C45N-60/2（6）A"，两个支路的敷设方式与线缆型号和每户照明支路完全一样。

3. 其他信息

2~6 层分配电箱与总配电箱比，少了总电表、总控三相断路器和控制地下室与楼梯间照明的两个单相断路器及其支路，其他内容与总配电箱相同。

由图 3-4 中还可以得到的信息是有关电源电缆的信息：电源线在引入处标注为："380/220V 架空线引入 BX（3×35+1×25）SC50"。"380/220V"表示电源线的电压等级，线电压为 380V，相电压为 220V，采用架空线引入。"BX（3×35+1×25）"表明架空线的规格型号为 BX，共有四条线，3 条截面积为 35mm^2，一条截面积为 25mm^2。"SC50"表示其引入方式为穿管，SC 表示线管为水煤气管，50 表示管径为 50mm^2。

电源四根线进入第一单元的总配电箱后，相继又引到第二至第六等五个单元的总配电箱。由第二单元总配电箱进线的标注可以看出，进入第二单元总配电箱的电源线为五根："BV（3×35+2×25）SC50"。因此可以知道，从第一单元总配电箱中又多引出了一根线，这就是保护接地线 PE。也就是说，从第一单元总配电箱出来的线有五根，三根是相线，截面积都是 35mm^2。另外两根的截面积都是 25mm^2，有一根为零线 N，还有一根是保护接地线 PE。由第一单元到第二单元的电源线也是采用 50mm^2 的水煤气管进行穿管敷设。而从第二单元到第三、第四、第五和第六单元的电源线与从第一单元到第二单元的情况完全一样。

至此，照明配电系统的概略图就全部解读完毕。

二、平面图的读图

（一）建筑平面图

1. 概述

该住宅的底层建筑平面图如图 3-5 所示。该平面图只绘出 3 个单元，总共有六个单元。与所绘单元一样，建筑面积为：左边的两个单元约为 96m^2，其他四个单元约为 85m^2。两种规格的单元都是三房一厅，一个卫生间，一个厨房，两个阳台。

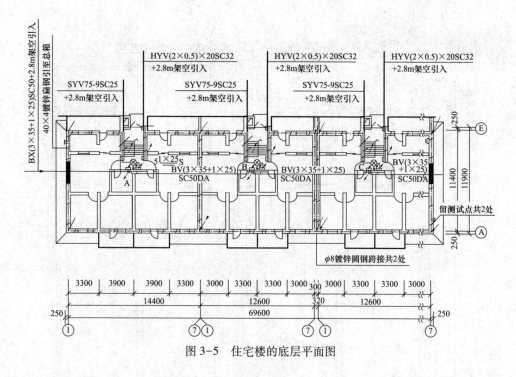

图 3-5　住宅楼的底层平面图

从图 3-5 中可见，虽然各单元的面积不同，但结构形式基本一样。而且所有电气布置基本一样。读图时，只要分析一个单元后，其他单元就基本一样。该平面图实际尺寸采用#2 图纸绘制，但画在本书中，版面显得太小。另外将该平面图的左边（第一）单元放大重新绘出，如图 3-6 所示。

由图 3-6 可见，该单元有两户，两户的房间分布为左右对称。从楼梯间进大门，旁边的房间为卫生间，大门所对的为客厅。客厅下面有两个房间，靠近大门的是主卧室，另外一个为客房。客厅的上面有厨房和书房，靠近楼梯的是厨房，另外一间是书房。

平面图属于位置类图，如第一章所述，读位置类图的主要目的是了解电气物件相对位置或绝对位置和（或）尺寸的信息和其他必要的相关信息。因此，读识住宅图平面图，主要要了解：电气线缆引入位置及相关信息（规格、型号、敷设方式、线缆的走向），配电箱的数量和具体位置等。

此外，在图 3-5 底边和右边还有带圆圈的数字和带圆圈的字母，这是平面图的房轴号，是用来确定平面图位置用的，详细介绍见下面照明平面图的说明。

2. 引入线

在图 3-6 中，可见的电气线缆有照明供电电缆、电话电缆和有线电视

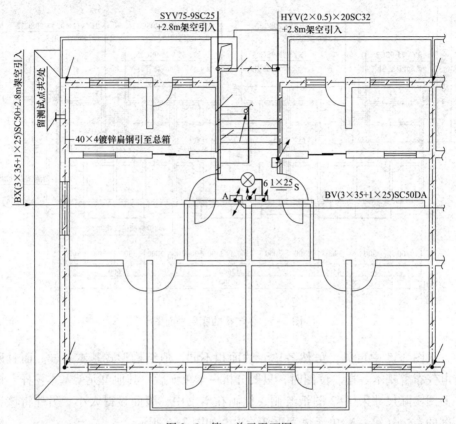

图 3-6   第一单元平面图

（CATV）电缆。在平面图的左边中间位置标注有字样："BX（3×35＋1×25）SC50＋2.8m 架空引入"，查表 3-2 后的设计说明和对照照明系统图（概略图）可知，这就是照明电源线。"BX（3×35＋1×25）SC50"的含义在配电系统中已经介绍过。"＋2.8m 架空引入"中的"＋2.8m"表示从地平开始计算，高度为 2.8 米的地方，照明电源线架空引入。"＋"表示"高于"，若为"－"则表示"低于"。采用地下电缆埋设的线缆就应标注"－"。

同样，有线电视的电缆由图中上部，单元入口处左墙引入，采用型号为 SYV75-9 的同轴电缆，以 2.8m 的高度架空穿管径 25mm 的水煤气管引入；电话线缆则由单元入口处右墙（另一侧），架空穿管径 32mm 的水煤气管引入，电话线缆的型号为 HYV，每路 2 芯，芯线截面积为 0.2mm^2，每个单元有 20 对（除了每个单元 12 户的每户各一对外，还预留 8 对作为备用）。

3. 照明线缆说明

照明电源引入后，所穿的水煤气管一般埋入楼板，然后引到总配电箱 A。进入 A 的线缆只有一路，从 A 引出的线缆图中绘出的有四路。一路引到本单元的二至六层楼，用符号"↗"表示"引上"；一路引下到地下室，用符号"↙"表示"引下"；一路引到楼梯间照明，即 A 箱右侧的声控开关（用符号"♂"表示）所在位置，并引上（"↗"）到二至六层楼的楼梯间照明；一路引到第二至第六单元。引到第二至第六单元的电缆型号为"BV"，穿入 25mm² 的水煤气管，埋入楼板，图中标记为"BV（3×35+1×25）SC50DA"。

楼梯间照明灯旁标注（参见第一章表 1-14 的说明）"$6\dfrac{1\times25}{-}$s"，这里省略了参数 b（型号或编号）和 L（光源种类）。其中，分式线"———"上面的"1×25"，表示所标注灯具内的灯有 1 盏，容量为 25W；分式线前面的"6"就是参数 a，表示灯数，即楼梯间照明灯共有 6 盏（所标注的首层楼一盏，二至六层楼 5 盏）；分式线下面的短横线"—"及后面的字母"S"表示该灯的安装方式为"吸顶灯"。若是吊灯，则短横线的位置应标出参数 e，即灯距离地面的高度。吸顶灯不用表明高度（就是楼层高），因此不标出高度，改用短横线表示。

地下室入口处（单元入口，楼梯图形符号中间的左侧）有一个单极开关的符号"♂"。下边还有引上的标记"↗"，这是地下室照明开关。引上标记表明，开关的引线是由地下室引上的。

4. 其他说明

有线电视电缆引入后，穿管沿左墙引到声控开关右侧的分接箱进行分接，并引上"↗"到二至六层楼的相应分接箱；20 对电话线则穿管沿右墙引到单元右侧住户门前的分接箱进行分接，同时引上"↗"到二至六层楼。

在图 3-5 和图 3-6 中，单元四周墙中的符号"⚊⚊"表示基础地梁的接地母线，实际上就是墙内的钢筋。在单元左边住户的书房中标注有："40×4 镀锌扁钢引至总箱"，表示用 40×4 的镀锌扁钢引至总配电箱作为接地母线的连接用。参考表 3-2 后面的设计说明可以知道，三相电源为 TN-C 制，在总配电箱内，将零线与接地母线连接（实现重复接地），照明电源就变成 TN-C-S 制了。"设计说明"还要求"接地电阻不大于 4Ω，否则补打接地极"。检测接地电阻是否大于 4Ω，可由"检测点"进行实际测量。"检测点"共有两处，在图 3-5 中，最右边单元外墙靠下一处，在图 3-6 中，最左边单元靠上一处，这两处都标注"留测试点，共 2 处"的字样，"检测点"一般采用铁盒标识。

单元墙体的四周，接地母线有多处标记"↙"，表示墙柱内的钢筋作为避雷引下线的接地。根据表 3-2 后面的设计说明，避雷接地也要求"实测接地电阻不大于 4Ω，否则补打接地极。"避雷接地也与基础地梁连接在一起。

在图 3-5 中，右侧及下边，尺寸标注线旁有多个圆圈，内有字母或数字。这是单元平面图中的"房轴号"，与第一章第三节图幅分区的作用相似。图 3-5 中的轴房号是一种省略表示方法，详细表示可参见下文照明平面图的详细标记。

（二）照明平面图

分析照明平面图的主要目的是：明确所表述的建筑物（单元）内各种照明灯具及其辅助器件的相对位置或绝对位置及其有关参数以及其他必要的相关信息。

前面已经说过，该住宅楼共有六个单元，两种规格。第一单元和第二单元规格一样，第三至第六单元规格相同。而且六个单元的布局相同，只是第三至第六单元与第一和第二单元的尺寸有点差别而已。因此分析照明平面图时只要掌握一个单元的照明平面分析，就能够掌握其他五个单元的照明平面图分析了。图 3-7 所示的是第一单元首层（底层）的照明平面图，下面就以这个单元的照明平面图为例，介绍照明平面图的分析过程。

1. 房轴号

为了确定照明灯具及其辅助器件的位置，在照明平面图中通常采用房轴号对平面图进行分区，其作用与第一章电气图的图幅分区类似。房轴号采用圆圈加数字或字母表示，与平面图的尺寸线一起进行标注。水平方向为圆圈加数字，按顺序从左往右编号；垂直方向采用圆圈加字母（和数字），按顺序从下往上编号。如图 3-7 所示，水平方向的房轴号为：①～⑦和②、⑥，有九个房轴号；垂直方向的房轴号有：Ⓐ～Ⓔ和⑥。其中②、⑥和⑥一般作为补充房轴号，通常表示非连通或非承重墙所在的位置，以其前一个房轴号的倒数作为其编号。

2. 线缆及其走向

第一单元首层照明线路都是从单元总配电箱引出。由图 3-4 所示的概略图可知，首层照明线路有八路，图中省略地下室和楼梯间的线缆，只绘出两户照明的六路：WL1～WL6。结合图 3-4 可知，WL1～WL6 采用 PVC 管穿管敷设，管径都是 15mm。两户照明线路完全对称，因此此处只分析右边住户的线缆及走向。

第一支路 WL1（WL4），照明支路：由总配电箱出来后，首先进入卫生间，

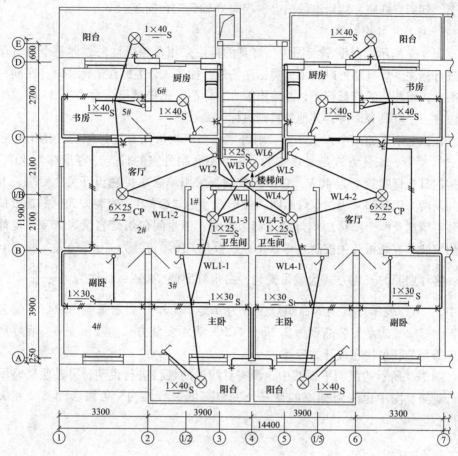

图 3-7　第一单元首层照明平面图

在卫生间的照明灯具（白炽灯⊗）处又分成三路：WL1-1、WL1-2 和 WL1-3。
WL1-1 进入主卧室，在主卧室的照明灯具（日光灯├──┤）处再分成两路，一路到
阳台照明灯具（白炽灯⊗），另外一路到副卧照明灯具（日光灯├──┤）；WL1-2 进
入客厅照明灯具（白炽灯⊗），然后到书房照明灯具（日光灯├──┤），最后到上部
阳台照明灯具（白炽灯⊗）；WL1-3 引到卫生间的插座。

　　第二支路 WL2（WL5），客厅、卧室插座支路：由总配电箱出来后，由 3 轴
向上，到 C 轴拐向，沿 C 轴到客厅插座，分成两路。一路沿 C 轴到 1 轴，拐向
上，到书房的两个插座；另外一路到客厅 B 轴的另一插座，然后沿 B 轴到 1 轴
拐向下，到副卧的两个插座，最后到主卧的两个插座。

　　第三支路 WL3（WL6），厨房、阳台插座支路：由总配电箱出来后，由 3 轴

向上，到厨房插座，然后继续向上，拐向 D 轴到阳台插座。

3. 灯具及其控制

图 3-7 所示的照明平面图中，灯具的标注采用单独标注法，即每个灯具单独进行标注。灯具还可以采用分类标注法进行标注。分类标注法标注时，在同一张图上，将相同的灯具归类，并给出编号，标注时则根据第一章表 1-11 的说明标注在一个灯具旁即可，其他灯具则只标注编号。

在该照明平面图中，主卧室、副卧室和书房均采用日光灯照明（图形符号为"⊢━┤"），安装方式是吸顶安装。主卧室和副卧室的日光灯容量都为 30W，书房的日光灯容量都为 40W，它们的控制都采用单联单控翘板开关。厨房、卫生间及两个阳台都采用白炽灯照明（图形符号为"⊗"），安装方式也都是吸顶安装。厨房及两个阳台白炽灯容量都为 40W，卫生间白炽灯容量为 25W，也都采用单联单控翘板开关控制（单联单控翘板开关图形符号为"↗"）。

客厅照明的安装方式为线吊安装，白炽灯照明"⊗"，标注为"$\frac{6\times25}{2.2}$CP"。其中，"6"表示灯具内的白炽灯盏数为 6 盏，"25"表示每盏白炽灯容量为 25W，"2.2"表示安装高度为 2.2m。"CP"表示安装方式为线吊安装，客厅照明也采用单联单控翘板开关控制。

图 3-7 所示的照明平面图中，没有对线缆的规格进行说明，可参照概略图进行对照。图中也未对插座的型号及安装高度进行说明，可以参阅其他相关文件。

三、其他图的识读

住宅电气工程图一般还包括有线电视（CATV）系统、电话系统和防雷系统等。其中，有线电视系统和电话系统又称为弱电系统。

弱电系统的电气工程图一般也有概略图和平面图两类，其读图目的与照明系统的读图目的大体一样，方法也基本相同。概略图的读图目的也是了解和掌握系统的总体组成，明确组成元器件的型号、线缆走向与型号等。平面图的读图目的则侧重于元器件的具体位置、线缆的走向及其他相关信息。

一般民用住宅楼的防雷系统只画出屋顶防雷平面图并附有说明。高层建筑除屋顶防雷外，还有防侧雷的避雷带以及接地装置的布置等。屋顶防雷平面图主要应该掌握防雷装置的结构类型、避雷线的型号规格、引下线的位置和焊接点、支持卡的规格型号、其他屋顶凸出物的连接以及伸缩缝避雷线设置等。防雷系统读图时，要求有一定的防雷知识，如：防雷接地与保护接地一般应单独使用，防雷

接地电阻要求为<10Ω；防雷系统如不用主筋下引，则应在墙外单独设置引下线并与接地极连接等。限于篇幅，有关本住宅楼弱电系统及防雷系统电气工程图的读图就不作详细介绍。有兴趣的读者可以参考相关书籍，也可参考前面的介绍进行试读。

第三节 变配电所电气工程读图

电能通过远距离输送到用电地点经过一次降压变电后，再输送到各用电单位。各用电单位通过变电所接收送来的电能，然后再分配到各车间及配电箱，再将电能分配给用电设备，这一过程称为变配电。一般装设 10/0.4kV 变配电装置的室内场所称为变电室，将装设 35/10kV、35/6kV、35/0.4kV 的各级变配电装置的场所称为变电所（站）。根据变配电装置具体安装位置的不同，变电所又分为室内和室外两种。

变配电装置通常设有保护、控制、测量、信号及功能齐全的自动装置，因此变配电装置一般是个复杂的系统。也就是说，变配电的电气工程图其图样较多也较复杂。下面仅仅以 35kV 厂用变电所主要的图样为例进行介绍，其他有关安装结构及加工等的图样在此不作分析，以便读者可以更快地接触变电所的中心环节及实质性工作。

一、总图

35kV 厂用变配电所的总图主要包括电气主接线图和电气总平面布置图。电气总平面布置图属于位置类图，读图目的、要求与方法和前面所介绍的位置类图的识读相似，但要读电气主接线图，首先应该了解主接线图、倒闸操作及母线制等的概念。

（一）概述

1. 电气主接线图的组成

变电所的主接线图，又称原理接线图，用来表示电能由电源分配给用户的主要电路。在主接线图中表示的是所有的电气设备及其联接关系，主要包括开关的组合、母线的连接和主接线等。由于三相交流电力装置的三相连接方法相同，所接的电气设备也是三相对称，为了图面的清晰，主接线图一般只表示电气装置的一相连接，因而主接线图也被称为单线图。

在主接线图中，主要的电气元件有断路器、负荷开关、隔离开关、电压互感

器、电流互感器、熔断器、避雷器和移相电容器等。

断路器的主要作用是切除或投入正常负荷，并能在回路出现短路、严重过载等故障时切断故障回路。为了切断大电流，断路器的主触头都装设在灭弧装置内，其通断状态在外表一般难于直接观察。从实际使用安全考虑，除小容量低压断路器外，一般断路器均不能单独使用，必须与能产生可见断点的隔离电器配合使用。

负荷开关的主要作用是切除或投入正常负荷，具有一定的灭弧能力，通断状态容易从外表直接观察。但其通断能力比断路器小很多，因此负荷开关不具有切断故障回路的能力，没有故障保护功能。

隔离开关的主要作用是对回路起电气隔离作用，只能切除或投入空载或很小的负荷电流，断开时有明显可见的断点，往往与断路器配合使用。

电压互感器和电流互感器的作用分别是进行电压和电流的变换，将高电压大电流分别变换成低电压（100V）和小电流（5A或1A）以供测量和保护装置使用。熔断器和避雷器都是保护元器件，熔断器可用于短路和严重过载保护，避雷器则可防止雷电高压的侵入。移相电容器主要是起无功补偿的作用，用于抵消部分感性无功功率，提高功率因数。

2. 开关电器的组合方式及操作顺序

对电气设备或配电线路进行投入或切除，是由各种开关电器实施的。在确定开关元件时，要考虑到既能正常投切负荷，又能在回路故障时切除故障回路，因此通常采用"断路器+隔离开关"（两台隔离开关分设于断路器两侧，可产生明显断点）或"负荷开关+熔断器"的开关组合方式来完成上述功能，如图3-8所示。采用"断路器+隔离开关"的组合方式时，若断路器的

图3-8 开关电器组合
（a）断路器+隔离开关；（b）负荷开关+熔断器

负荷侧不存在电流倒送可能，则可省去断路器负荷侧的隔离开关。

正确执行开关操作顺序是避免发生事故，保证主接线安全运行十分重要的措施。主接线中对开关进行投、切操作（又称为倒闸操作），可以改变主接线的电路关系，即改变主接线的运行方式。

由"断路器+隔离开关"组成的开关组，因隔离开关不能切除负荷电流和短路电流，在进行回路投入和退出操作时，必须遵循的倒闸操作顺序是：接通回路时，先闭合隔离开关，后闭合断路器；断开回路时，先断开断路器，后断开隔离开关。由"负荷开关+熔断器"组成的开关组，当正常负荷投、切时，使用负荷

开关操作；当回路出现过负荷或短路时，由熔断器自动切断电路。"负荷开关+熔断器"组成的开关组，熔断器可由（带熔断器的）跌落开关替代，此时不能用跌落开关对正常负荷进行投切。

3. 母线的连接方式

所谓母线是指从变电所的变压器或配电所的电源进线到各条馈出线之间的电气主干线，是汇集和分配电能的金属导体，又称为汇流排。母线的连接方式又称为母线制。常用的母线制主要有三种：单母线制、单母线分段制和双母线制。工厂供电一般不采用双母线制（主要用在电力系统的变电所等场合）。

（1）单母线制和单母线分段制

对变电所母线连接的基本要求是安全、可靠、灵活、经济。安全就是要保证人身和设备的安全；可靠就是应尽量保证不中断供电；灵活则要求利用尽量少的切换以适应不同的运行方式；经济则是尽量减少初投资和年运行费用。

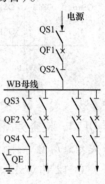

图 3-9　单母线制

单母线制接线图如图 3-9 所示，只用于一回进线的场合，其可靠性和灵活性都较低。母线或连接于母线上的任一隔离开关发生故障或检修时，都将影响全部负荷的用电。图中接地闸刀开关 QE 在检修时闭合，以代替安全接地线的作用。

在两回电源进线的情况下，一般采用单母线分段制。母线分段开关可采用隔离开关或断路器。当分段开关需要带负荷操作或有继电保护及自动装置有要求时，应采用断路器，如图 3-10 所示，否则仅装设隔离开关即可。

采用单母线分段制后，在发生故障或需要检修母线、母线隔离开关时，非故障段仍可继续运行，对其他用户照常供电。分段断路器 QFd 两侧装设的隔离开关可供该断路器检修时用。正常工作时，QFd 既可以投入也可以断开。

（2）双母线接线方式

单母线分段制的可靠性和灵活性比单母线制有所提高，但当需要对分段母线进行检修时，该段重要用户将失去备用供电。为了在回路断路器检修时不致使该回路的供电中断，可以采用双母线制或设置旁路母线。如图 3-11 所示为设置旁路母线 WB2 的情况。通过旁路断路器 QF13 和 QF23，旁路母线 WB2 分别与Ⅰ、Ⅱ段母线连

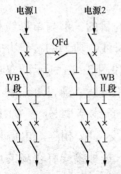

图 3-10　分段母线

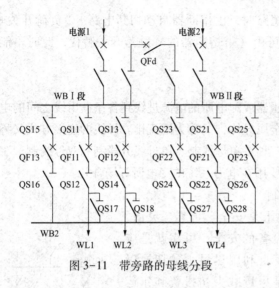

图 3-11　带旁路的母线分段

接。各旁路断路器的两侧装有隔离开关 QS15、QS16、QS25 和 QS26，供旁路断路器检修时使用。每一出线回路分别通过旁路隔离开关 QS17、QS18、QS27 和 QS28 等与旁路母线 WB2 相连。正常工作时，旁路断路器 QF13 和 QF23 及其两侧的隔离开关，以及各出线回路上的隔离开关都是断开的。当出现 WL1 的断路器 QF11 要检修时，首先合上旁路断路器 QF13 两侧的隔离开关，再合上旁路断路器 QF13，检查旁路母线是否完好。若旁路母线正常，合上出线 WL1 的旁路隔离开关 QS17，然后断开出线 WL1 的断路器 QF11，再断开断路器 QF11 两侧的隔离开关 QS12 和 QS11。这样，就由旁路断路器 QF13 代替 QF11 工作，QF11 便可以检修，而出线 WL1 的供电不致中断。供电回路为：电源 1→母线 WBI 段→QS15→QF13→QS16→WB2→QS17→WL1。这样某一分段母线需要检修时，该段的重要用户也可通过旁路母线进行供电。

双母线制与单母线制的根本区别是，双母线制的每一电源回路和每一出线回路都经一台断路器和两组隔离开关，分别与两组母线连接。因此，带旁路的母线分段可以说仍然属于单母线分段制。由于其实际设有双母线（出线回路没有断路器与 WB2 连接，称为旁路母线），故仍然放在双母线制中进行说明。

采用双母线制有利于通过任意一组母线实现持续供电的目的，但与单母线相比设备增多了，配电线路布置复杂，经济性相对较差。双母线制典型的接线方式可分为双母线不分段和双母线分段两种，分别如图 3-12 和图 3-13 所示。双母线不分段主接线中的母线，一组为工作母线，另一组为备用母线，通过母线联络断路器 QF3 连接。双母线分段主接线的分段断路器将工作母线 WB1 分为 WB11 和 WB12，每段工作母线通过各自的母联断路器与备用母线 WB2 相连。电源回路和出线回路均匀分布在两段工作母线 WB11 和 WB12 上。这种接线有较高的可靠性和灵活性。

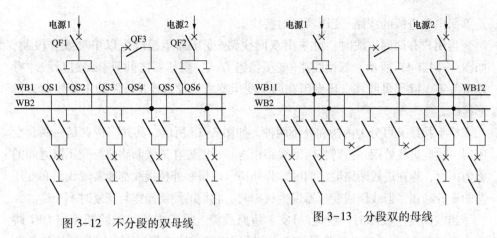

图 3-12 不分段的双母线   图 3-13 分段双的母线

4. 主接线

所谓主接线，主要指变压器的连接形式。变电所的主接线可概括为两类：线路-变压器组方式和桥形接线方式。所谓线路-变压器组方式，是指一回电源进线经过一台主降变压器供电到厂内配电母线上的连接形式，如图 3-14 所示。

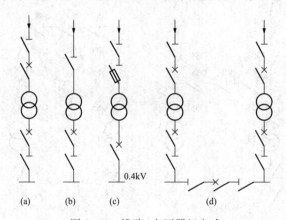

图 3-14 线路-变压器组方式

（a）两侧均设断路器；（b）简化接线；（c）常用于 35kV 供电直接降压变电所；

（d）双回线路-变压器接线配以单母线分段制

图 3-14（a）在变压器两侧均设有断路器，应用范围较广。图 3-14（b）是一种简化接线，一般只适用于由区域变电所专线供电的容量较小的变压器，使用条件是能够满足用隔离开关切断变压器空载电流。图 3-14（c）则通常用于由 35kV 供电的小型工厂的直接降压变电所（35/0.4kV）。图 3-14（a）~（c）主要

是单回电源进线的线路-变压器组的接线。

当用户有两回进线时，可采用双回线路-变压器组接线配以单母线分段制，如图 3-14（d）所示。双回线路-变压器组方式，变压器之间只有经过母线才有连接关系。除了母线外，还专门在两个变压器之间设置连接支路的主接线称为桥形接线。

桥形接线又可分为内桥和外桥两种，如图 3-15 所示，其共同特点是在两台变压器一次侧进线处用一桥臂将两回线路相连。桥臂连在进线断路器与变压器之间的称为内桥，连在进线断路器之前的称为外桥。内桥和外桥接线都能实现线路和变压器的充分利用，但线路或变压器发生故障时，它们的倒闸操作与恢复时不一样。

当线路发生故障时，设进线I发生短路故障。采用内桥接线的断路器 QF1 跳闸，变压器 T1 仍可通过断路器 QF3 与进线II连接继续工作；而采用外桥接线的断路器 QF1 和 QF3 受进线I短路的影响都将跳闸，变压器 T1 将不能继续工作。

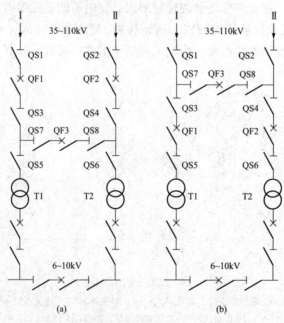

图 3-15　桥形接线方式

（a）内桥接线；（b）外桥接线

若当变压器发生故障时，设变压器 T1 发生短路故障。采用外桥接线的断路器 QF1 跳闸，进线Ⅰ仍可通过 QF3 向变压器 T2 供电；而采用内桥接线的断路器 QF1 和 QF3 都将跳闸。若要恢复进线Ⅰ向变压器 T2 供电，首先应断开隔离开关

SQ5，然后再恢复断路器 QF1 和 QF3 合闸。由此可见，在变压器故障时，内桥接线需要的倒闸操作多，恢复时间长；外桥接线倒闸操作少，恢复时间短。因此，内桥接线适用于线路较长、容易发生线路故障的场合或者不需要经常切换变压器的场合，外桥接线则适用于供电线路较短、不容易发生线路故障的场合或者需要经常切换变压器的场合。

（二）电气主接线图的读图

前面说过，电气主接线图又称为原理接线图。因此，电气主接线图读图的主要目的是：掌握主接线图表示的变配电所的变配电原理与性能，明确所有电气设备之间的连接关系，为安装、检修及正常运行管理提供确切的指导依据。

1. 读图方法

读电气主接线图时，首先从电源进线或从变压器开始阅读，然后按照电能流动的方向逐一进行识读。具体读图步骤一般为：① 首先看电源进线；② 然后看主变压器技术数据；③ 接着看各个等级主接线方式；④ 再看开关设备配置情况；⑤ 同时看有无自备发电设备或 UPS；⑥ 最后看避雷等保护装置情况。

看电源进线时应该注意进线回路个数及其编号、电压等级、进线方式（架空线、电缆及其规格型号）、计量方式、电流互感器、电压互感器及仪表规格型号数量。看主变压器技术数据，应了解主变压器的额定容量、额定电压、额定电流、额定频率、短路阻抗（或阻抗压降）、连接方式、连接组别等。

看各个等级主接线方式主要应明确一次侧和二次侧主接线的基本连接形式，了解母线的规格。看开关设备配置情况时应该了解电源进线开关的规格及数量，进线柜的规格型号及台数，高低压侧联络开关规格及型号，低压出线开关（柜）的规格型号及台数，回路个数、用途及编号，计量方式及仪表，有无直控电动机或设备及其规格型号、台数、起动方法、导线电缆规格型号。

看有无自备发电设备或 UPS，应该注意其规格型号、容量，与系统连接方式及切换方式，切换开关及线路的规格型号，计量方式及仪表。还应了解电容补偿装置的规格型号及容量、切换方式及切换装置的规格型号。看避雷等保护装置情况，则主要应知道防雷方式、避雷器规格型号数量以及各种保护装置的用途、数量和规格等。

2. 某厂 35kV 变电所主接线读图举例

图 3-16 所示的是某厂用 35kV 变电所主接线图。根据前面所述读图方法，应首先看电源进线。该变电所的电源有两路，一路来自"文 I 回-218 号杆"，另外一路来自"华 II-658 号杆"。两路电源都为交流 35kV/50Hz，也都采用架空引入。

两台变压器的型号均为"SL7-4000/35"，SL7 为系列号，4000 表示变压器

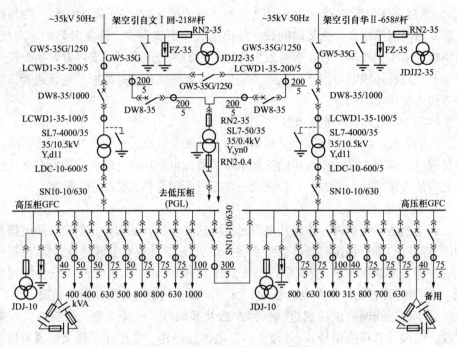

图 3-16 某厂 35kV 变电所主接线图

的容量为 4000kVA，35 表示其输入侧额定电压为 35kV。"35/10.5kV"是其输入输出的额定电压，输入侧 35kV，输出侧 10.5kV。"Y，d11"是变压器的连接组别，输入侧为Y（星形）连接，输出侧为△（三角形）连接。输出侧线电压滞后于输入侧线电压30°。

该变电所的主接线属于外桥接线与母线分段制配合。但外桥接线的桥臂仅由一台隔离开关组成，型号为"GW5-35G/1250"。两台变压器正常运行时桥臂隔离开关处于分断状态。这种结构的主要不足是线路发生故障时需要先断开变压器的断路器、进线隔离开关，然后合上桥臂隔离开关后再合上变压器的断路器，因此不能保证故障时实现无中断切换。

母线分段制也仅由一个断路器实现，这主要是考虑到该变电所正常运行时，实际采用两段母线单独供电。一旦某台变压器需要检修，将变压器的出线断路器分断，该段母线上的重要负荷可以通过母线分段断路器的连接由另一段母线实现供电。这种设置虽然较为经济，但可靠性相对较低，通常适用于要求相对较低的工厂配电。

该主接线开关设备的配备主要是断路器和隔离开关。两路电源回路引入后，分别经过户外高压隔离开关（GW5-35G/1250）和户外高压多油断路器（DW8-35/1000），再分别接两台主变压器。每台主变压器的输出侧连接到高压配电柜，分别通过一台少油断路器（SN10-10/630）与各自的母线段连接。高压配电柜两段母线之间也通过一台少油断路器（SN10-10/630）进行连接。与每段母线连接的断路器都有九台（图中未给出型号），扣除一路为补偿电容器用，每段母线还有 8 回出线。右侧母线有一回作为备用，其他 15 回分别到车间变电所。

从该高压配电主接线图上未能看出是否备有 UPS 电源或自备发电设备，可进一步查看低压配电系统的主接线图予以确认。实际在低压配电系统的主接线图中可以找到该系统配备 4 台 UPS 柜，供停电时动力和照明用，以备检修时有足够的电力。鉴于篇幅，低压配电系统的主接线读图在此省略。

读主接线图的最后一步是看避雷等保护装置情况。该主接线图中显示，两路 35kV 供电线在进户处设置接地隔离开关、避雷器、电压互感器（JDJJ2-35）。其中隔离开关设置的目的是线路停电时，使该接地隔离开关闭合接地，站内可进行检修，省去挂接临时接地线的工作。此外，变压器输出侧引入高压室内的 GFC 型开关计量总柜，柜内设电流互感器（LDC-10-600/5）、电压互感器（JDJ-10）供测量保护用，同时设避雷器保护 10kV 母线过电压。

读图 3-16 还必须注意：所有的断路器、桥臂上的隔离开关、高压柜内的避雷器和电压互感器等都采用了高压插头和插座（图中符号为"→←"）进行连接。这样的连接通常称为采用插接头连接，用于插接头连接的元器件。一般要求将这些元器件安装在手车柜或固定柜上，这样可以省略隔离开关（即在检修时不用考虑采用隔离开关进行电气隔离）。

除此之外，由图 3-16 还可知道，35kV 的两段母线分别经两台 DW8-35 断路器，引至一台变电所用变压器 SL7-50/35-0.4，专供站内用电，并经电线引至低压中心变电室的站用柜（PGL）内。这是一台直接将 35kV 变为 400V 的变压器，与主变压器的电压等级相同，其额定容量为 50kVA，额定电压为 35/0.4kV，连接组别为丫，yn0（即输入输出侧都为星形连接，且输出侧为带中性线的星形连接）。

（三）变电所的平面图

变电所的平面图属于位置类图，是将电源引入线（35kV）的电压逐级变为各种电气装置使用电压 400V 的布置图。变电所的平面图一般包括主接线的电气总平面图、室内布置图及箱柜布置图等。主接线的电气总平面图通常图幅较大。变电所的设备较多，通常分布在多间室内，因此室内布置图可以包括多个部分。例如，可以有配电间、主控室、电容室、变压器室，甚至还包括维修间、休息室

等。不同的变电所，其设置不尽相同，包含的间室数量不一样，因此室内布置图的数量也不一样。至于各种箱柜布置图则数量更多，难以一一列举。

阅读主接线的电气总平面图时，一般应该注意掌握的内容主要有：① 电源回路各设备的位置及其安装形式；② 主变压器及其附属设备的安装位置与安装方式；③ 各种线缆的型号、走向、敷设方式及相关要求。

电源回路的主要设备通常有隔离开关、避雷器、限流熔断器、跌开式熔断器、电流互感器、支柱绝缘子等，这些设备一般都从母线上接线。母线一般有多级，多级母线段可以装在混凝土杆上，其他设备则装在混凝土支架上的槽钢横梁上。

主变压器的附属设备主要有油断路器、电压电流互感器、限流熔断器、隔离开关及其辅助开关和联锁装置等。主变压器可以采用落地安装，限流熔断器和电压互感器则可统一安装在混凝土支架上，而在限流熔断器的混凝土支架上再设置角钢支架安装电压互感器。变压器低压侧的附属设备则可在配电柜中安装。

主接线的电气总平面图上的线缆种类较多，一般可包含电源电缆、电容室电缆、变压器瓦斯信号电缆等控制电缆、电力电缆、站内照明电缆等。这些电缆通常都在电缆沟内敷设。

室内布置图的阅读与总平面图的阅读相似，必须掌握的主要内容也是布置图中所表示的主要设备的位置和安装方法以及各种线缆的走向与敷设方法。

有关变电所的平面图读图方法还可参考第二章第二节有关总电气平面图与电气平面图的阅读说明。读图时若遇到相关专业方面的问题可参考《工厂供电》等有关方面的书籍。

二、二次回路图

(一) 二次回路概述

工厂变电所的设备可分为一次设备和二次设备。电能传输的电路称为主电路，主电路中的设备都是一次设备；对一次设备进行操作控制和运行管理的测量表计、控制及信号装置、继电保护装置、自动和远动装置等通称二次设备。表示二次设备相互连接关系的电路称为二次回路。一次回路是主电路，二次回路是辅助电路，是主体设备的辅助电路。

二次回路的主要特点是：元件多，接线复杂。一座中等容量的 35kV 工厂变电所，一次设备一般约为 50 台（件），而其二次设备却可达到 400 多件。一次设备通常只是相邻连接，导线只有 2~4 根（单相 2 根，三相三线制 3 根，三相四

线制 4 根），而二次设备之间的连接导线往往跨越较远的距离，交错相连，接线相当复杂，是变配电装置中读图的难点。

二次回路是用来控制一次设备的，每个一次设备都有其控制的回路。根据一次设备的功能、用途不同，二次回路组成元件的数量和控制的复杂程度也不同。总体而言，变电所的二次回路一般由测量回路、控制回路和信号回路等三部分组成。测量回路是在变电所装设的电气测量仪表及相关电路，是用于监视一次设备运行的回路，是电力系统安全运行和用户安全用电的保证，是一次设备安全可靠和经济地运行的保证。测量回路的主要特点是：① 精确度高、误差小；② 消耗功率小；③ 绝缘强度高、耐压和短时过载能力好；④ 结构坚固，使用维护方便。

变电所二次回路中，传统测量回路的元件主要是电压互感器和电流互感器，它们测量出来的是反映线路电压和电流及其相位关系的标准信号。电压互感器标准输出电压为 100V，电流互感器标准输出电流为 5A。将所测量的电压和电流送给控制回路就可进行控制、保护，送给信号回路则可进行指示、显示或报警。然而，随着电子技术和计算机技术的发展，100V 和 5A 的电量是不能直接送往计算机的，因此现代的测量回路还应该包含信号转换电路等。此外，二次回路所需测量的量不止电压、电流，通常还需要检测频率、功率因数等。

采用电压互感器和电流互感器测量时，常常可用两个电压互感器或两个电流互感器测量三相交流电压或三相交流电流。此时要求两个电压互感器或电流互感器的极性应该正确连接，才能得到正确的测量结果，因此读图时应该加以注意。经过转换电路转换后送往计算机的信号，其电压一般在 5V 左右，这么低的电压如果不采取必要的有效措施，在变电所这样强电磁环境中，将会被其产生的电磁干扰信号淹没。因此，读图时应该特别注意传输线路线缆的型号、屏蔽要求、接地要求等。只有这样，才能保证所测量信号的精确度。总之，测量回路读图时，除了要求了解测量元件的数量、用途外，还应该特别注意与测量精确度有关的信息。

控制回路是二次回路的主要组成部分，变电所的控制主要是断路器的控制，是二次回路中最常见也是最主要的回路。变电所对断路器的控制可分为集中控制和就地控制：集中控制是指在控制室内进行的控制，就地控制则是在断路器安装地点进行的控制。在控制室内对高压配电装置中的断路器进行的控制又称为距离控制。常见的断路器控制主要包括手动合闸、手动跳闸、自动合闸和自动跳闸控制。手动合闸和跳闸是根据需要，通过人为操作控制开关等使断路器接通和断开的操作。自动合闸和跳闸则是利用自动控制系统或装置提供的信号，根据人们事先设定的要求使断路器自动接通和断开的操作。

变电所二次回路中的控制回路主要是控制断路器通断的。断路器的通断控制与接触器的通断控制不同。接触器的通断控制只要控制一个线圈即可，线圈通电，衔铁动作，动合触点闭合；线圈断电，衔铁释放，动合触点断开。而断路器通断控制一般采用两个线圈分开控制，给合闸线圈短时通电，断路器合闸，主触点闭合接通；给跳闸线圈短时通电，断路器跳闸，主触点断开。合闸线圈和跳闸线圈都是短时通电工作制的，通电完成断路器分、合闸任务后，断路器的辅助触点将使合闸线圈或跳闸线圈断电。一般而言，断路器合闸线圈电流很大，跳闸线圈电流则较小。

断路器合闸后，可能由于控制开关未复归或触点卡住等原因，导致断路器控制回路仍然接通而跳闸。此时，可能出现断路器多次重复地"合闸—跳闸—再合闸—再跳闸"，这种现象称为"跳跃"。为了防止出现"跳跃"，通常断路器的控制电路应设有防跳跃闭锁保护功能，简称防跳功能。

此外，对于两级降压的上级变电所或区域变电所，若其向下级采用架空线供电，为了提高电力系统供电可靠性和暂态稳定性、减少停电损失，其配电输出断路器常设有自动重合闸功能。所谓自动重合闸是指当架空线因雷击或风灾出现暂时性故障时配电输出断路器跳闸后线路的绝缘性能又得到恢复，此时自动使该断路器再次合闸的控制。如果自动重合闸后，继电保护再次使断路器跳闸，则应查明原因，排除故障后才能再次送电。

信号回路主要是指用来显示或警示一次设备工作状态的各种信号装置工作回路。在变电所运行的各种设备有可能发生不正常的工作状态，这就要求设置专门的信号装置提醒运行管理人员及时了解情况和采取措施。信号装置的信号主要有灯光信号和音响信号。灯光信号是用来表明不正常工作状态的性质和地点，包括各控制屏上的信号灯和光字牌；音响信号的主要用途是引起运行人员的注意，一般包括蜂鸣器和警铃等。根据用途不同，变电所内的信号装置主要有中央信号装置和具体设备操作用的信号装置。由全所共用的信号装置称为中央信号装置，中央信号装置的信号按用途可分为事故信号、预告信号和位置信号等。

（二）二次回路读图方法

二次回路电气读图的主要任务有：① 阅读所有一次设备的控制回路，明确控制原理；② 阅读与各一次设备控制回路有关的公共二次回路（如共用信号的产生回路、共用小母线的构成回路、集中控制管理系统等）。因此，需要读的电气图数量很大。而且由于设计制造厂家的不同，相同用途的电气装置结构形式也往往不同。再加上随着科学技术的发展，各种电气装置的工作原理也在不断改进，因此在电气识图中很难全面介绍各种二次回路电气图的读图。本节将以二次

展开接线图为主，介绍一次设备控制用的二次接线图的读图。

二次接线图主要是描述二次设备的全部组成和连接关系，表示其电路工作原理的简图。但要读懂由二次设备实体连接起来的二次接线图，达到掌握图中所表示的所有功能，仅靠二次接线图还是不够的（尤其是在布置、安装、调试和检修时）。因此，实际读图时还要读与之配套的屏面布置图、二次电缆电线布置图、屏背面安装接线图、端子排接线图等。屏面布置图、线缆布置图都是位置类图，屏面安装接线图、背面安装接线图和端子排接线图都是安装接线图。这些图读图的基本方法与前面所介绍的位置类图和安装接线图的基本读图方法一样，本节不再重复介绍其读图方法。

二次接线图通常组成较复杂，可以按照其组成将测量回路、控制回路和信号回路分开分析，这样能够避免毫无头绪的阅读。同时，在读图时应该结合各个组成回路读图的目的，以便更好地掌握具体回路的原理。测量回路读图的主要目的是了解测量信号的种类、测量原理、测量精度和信号用途；控制回路读图的主要目的是要读懂合闸和跳闸的控制过程，明确回路的控制原理；信号回路读图的主要目的是明白各种信号的作用，清楚各种信号的产生原理，知道各种信号元件的安装位置。结合这些目的就可有针对性地注意掌握读图的要领，例如，测量回路读图时应该注意：了解传感器及各种测量元件的型号、精度等级、安装位置和测量原理，明确各种相关要求（包括电源要求、环境要求、安装要求、抗干扰措施和要求等），清楚具体测量回路的数量、用途、使用电源、线缆走向等。控制回路读图应该注意相关的各种说明，各种元件的触点和信号的去向，各种元件之间的相互关系，应该按照一定的顺序进行阅读。信号回路读图时首先必须知道各种音响、灯光信号的含义，同时应该全面了解相关的说明。然后，由电源和信号源开始分析信号产生的原理。除了这些注意外，可以采用如下方法对二次回路进行读图：

（1）总体了解。读二次图时（不管采用经典读图法或逻辑代数读图法），首先应该概略地了解图纸的全部内容，例如图样的名称、设备明细表、设计说明等。然后大致看一遍图样的主要内容，尤其要看一下与二次电路相关的主电路，从而达到比较准确地把握图样所表现的主题。

（2）做记录或做辅助标记。在电路图中，各种开关触点都是按其起始状态位置画的，如按钮未按下、开关未合闸、继电器线圈未通电、触点未动作等。这种状态称为图纸的原始状态。但采用经典读图法时，若只看图上的原始状态，有时很难理解图样所表现的工作原理。为了看图样的方便，可以根据读图的进程，自己另取记录纸进行记录。记录的内容可以分大点和小点，大点表示某个回路或某个功能的

阅读，小点表示元器件动作的"步"。每点结束时记录该点读图的结果。也可将图样或图样的一部分改画成某种带电状态的图样，称为状态分析图。状态分析图是由看图者作为看图过程而绘制的一种图，通常不必十分正规地画出。还可将原图复印，在复印的图上用铅笔另加标记辅助读图，读完图再将所做标记擦掉。

（3）以触点为主，线圈为辅读图。配变电系统的电路图与电力拖动系统的原理图一样，同一设备的各个元件位于不同回路的情况比较多，在用分开表示法的图中往往将各个元件画在不同的回路，甚至不同的图纸上。不过由于二次回路图与电力拖动电路图的不同之处是，二次回路图几乎没有在图样上直接标出触点和线圈的索引。不过由于二次图各个回路的功能相对比较明确，看图时可以在了解回路中各设备作用的基础上进行阅读。因此，可以就回路的触点找线圈或其感受元件，确定线圈或其感受元件的状态后就可以对回路进行分析了。尤其是回路的控制触点是转换开关或按钮等手动操作的主令元件触点时，根据主令元件及其他元件的触点状态进行分析，就能比较清晰地了解回路线圈的动作原理。

（4）注意由易到难，由局部到整体的原则。任何一个复杂的电路都是由若干基本电路、基本环节构成的。看复杂的电路图一般应将图纸分成若干部分来看，由易到难，层层深入，分别将各个部分、各个回路看懂，整个图样就能看懂。

（5）注意对照阅读。如上所述，二次图的种类很多，如集中式二次电路图、分开式二次电路图、单元接线图和接线表、端子接线图和接线表等。对某一设备、装置和系统，这些图纸实际上是从不同的使用角度、不同的侧面，对同一对象采用不同的描述手段。显然，这些图纸存在着内部的联系。因此，读各种二次图应将各种图联系起来阅读。例如，读集中式电路图可以与分开式电路图相联系，读接线图可以与电路图相联系。这里，掌握各类图纸的对照阅读，是阅读二次图的一个十分重要的方法。

上面所说的方法只是笔者个人读图的体会，当然每个人都可以有适合自己的读图方法。关键的是要抓住重点、掌握原则、不断总结、不断提高。类似的电气图读多了，就能逐渐掌握其规律。懂得总结、善于总结是迅速提高个人读图水平的重要方法之一。

（三）主变压器控制原理图

变电所的断路器较多，如主进线断路器、主变压器断路器、母线断路器等，每个断路器的用途不同，相应的控制回路组成、功能也都各异。各断路器的不同主要表现在其保护方面，一般断路器实现的保护功能有失压保护、过流保护等，对于主变压器断路器还有瓦斯保护、差动保护等。除了保护功能的不同，断路器的控制主要是合闸控制与跳闸控制，这部分各断路器的控制回路则基本一样。如

图 3-17 所示为某工厂变电所通断 35kV 主变压器断路器的控制回路，下面就以此为例进行读图介绍。

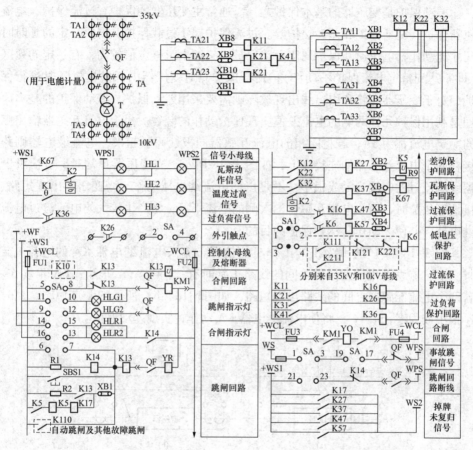

图 3-17　工厂变电所 35kV 主变压器控制及保护二次回路原理图

1. 元部件及其说明

图 3-17 所示的原理图可以分为上下两大部分，上面部分为变压器一次接线及电流互感器的接线（二次回路中的测量回路）；下面部分，即标有用途区（用途分区的作用在第一章图 1-19 已经说明）的部分为变压器二次回路的信号和控制回路部分。

主变压器 T 的型号为 SL7-4000/35，断路器 QF 的型号为 DW8-35/1000，采用插接头连接。在图 3-17 中，主电路中有六组电流互感器。断路器与变压器之间的两组电流互感器 TA 作为电能计量用；断路器输入侧的 TA1 组（接成三角形连接）和变压器输出侧的 TA3 组（接成星形连接）一起构成变压器的差动保护；TA2 组（接成星形连接）作为过电流保护回路的检测元件。

差动保护是变压器的基本保护之一。通常主变压器的保护有过流保护、电流速断保护、瓦斯保护和差动保护等。过流保护属于过载保护，需要一定的延时时间才能动作；电流速断保护属于短路保护，一般电流整定值较高，有一定的死区（即不达到整定电流保护不动作）；瓦斯保护只对变压器内部发生故障时进行保护，对于变压器套管和引出线出现故障则需要采用差动保护。差动保护的基本原理是利用保护元件两侧的电流差值实现保护动作的装置。由于电流互感器输出侧的额定电流都为 5A，若将同相的电流互感器同极性并联起来，电流继电器则跨接在两个电流互感器的连接线上，如图 3-18 所示。当变压器正常时，电流继电器线圈流过的电流为零或很小，不足以使电流继电器动作。当变压器出现短路、接地等故障时，两个电流互感器二次侧的电流不等，将产生较大的电流流过电流继电器，并使之动作，达到保护的目的。

图 3-18（a）所示为正常工作时的情况，流入电流继电器 KA 的电流 $i_k = |i_1 - i_2|$。在两个电流互感器之间的线路正常时有：$i_1 \approx i_2$，i_k 很小，KA 不动作。若两个电流互感器之间的线路出现短路，如图 3-18（b）所示的 k 点短路，此时 i_2 很小或为零，$i_k \approx i_1$，将使电流继电器 KA 动作，实现差动保护。

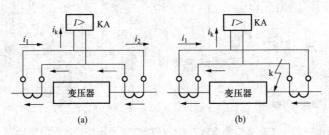

图 3-18　差动保护原理

（a）正常工作；（b）变压器短路

在图 3-17 中，WCL、WF、WS、WS1、WS2、WFS、WPS1 和 WPS2 等都是小母线。所谓小母线，是指配电装置中屏柜之间二次回路电源干线连接所采用的一种铜质型材，它可以是由直流屏引出的供控制、保护、报警、计量用的一种特殊的母线，也可以是提供经过降压稳压的交流电源的特殊母线，还可以是提供经过专门处理后的信号源的特殊母线。在图 3-17 中，WCL 母线有两条：+WCL 和 -WCL，用来提供二次控制回路工作所需的直流电源。+WF 为闪光小母线，由其他图样可知，它提供的直流电为时断时续的脉冲电源，可供指示灯发出闪光信号用。WS、WS1 都是信号回路使用的电源小母线，WS2 是信号小母线，WFS 是事故音响小母线，WPS1 和 WPS2 是预告小母线。有关这些小母线的具体应用，在分析图3-17的原理时将予以介绍。一般在工厂变电所的电气系统中小母线的种类不少，要知道其来龙去脉，可阅读专门的图纸进行分析。

应该注意的是，变配电所的红、绿指示灯与电力拖动控制箱面板的红、绿指示灯表示的状态有所不同。电力拖动控制箱面板的红色指示灯亮时一般表示主接触器断开、设备停止工作；绿色指示灯亮时则表示主接触器闭合、设备正在工作。而在图 3-17 所示的变配电所等高压系统中，红色指示灯亮时表示断路器合闸、处于工作状态；绿色指示灯亮时表示断路器分闸、处于断开状态。

在图 3-17 中的 SA 为控制开关，是一个专用的多路转换开关，是用来进行合闸或跳闸操作用的。它的触点有 24 个，分六层排列，根据操作手柄的位置不同，同层的触点可以有不同的接通或断开关系。操作手柄有 6 个位置，分别是"跳闸后"、"预合闸"、"合闸"、"合闸后"、"预跳闸"和"跳闸"。控制开关 SA 的触点状态见表3-3。合闸前，手柄处于"跳闸后"位置。合闸操作时，先将手柄顺时针转动 90° 到垂直位置，即"预合闸"位置。然后再继续转动 45°，即"合闸"位置。这时将手柄松开，手柄自动返回到垂直位置，即称为"合闸后"位置。跳闸操作时则先将手柄逆时针转动 90° 到水平位置，即"预跳闸"位置。然后再继续转动 45°，即"跳闸"位置。松开手柄后手柄自动返回到水平位置，即"跳闸后"位置。

表 3-3　　　　　　　　　图 3-17 中控制开关 SA 的触点状态

触点		1-3	2-4	5-8	6-7	9-10	9-12	10-11	13-14	14-15	13-16	17-19	17-18	18-20	21-23	21-22	22-24
位置	跳闸后 ←	-	×	-	-	-	-	×	-	×	-	-	-	×	-	-	×
	预备合闸 ↑	×	-	-	-	×	-	-	×	-	-	-	×	-	-	-	-
	合闸 ↗	-	-	×	-	-	×	-	-	×	-	-	-	-	-	-	-
	合闸后 ↑	×	-	-	-	-	-	-	-	-	×	-	-	-	×	-	-
	预备跳闸 ←	-	-	-	-	-	-	-	-	-	-	-	-	-	×	×	-
	跳闸 ↙	-	-	-	-	-	-	-	-	-	-	-	-	-	-	-	×

注　表中"×"表示操作开关处于对于位置时对应的触点接通，"-"则表示断开。

为了便于读图 3-17，参考其他图样与说明，将图 3-17 中各元件的用途及其他相关说明列于表 3-4 中。

表 3-4   图 3-17 中的元件及其说明

序号	元件	说　明	序号	元件	说　明
1	K1	变压器的温度继电器	28	K221	10kV 侧缺相继电器（低压保护用）
2	K2	变压器油管道上的气体继电器	29	T	变压器
3	K5	双线圈故障保护继电器（特殊功能）	30	SA	变压器手动控制操作开关
4	K11	过流继电器	31	SA1	变压器工作转换开关
5	K21	过流继电器	32	TA	电流互感器（两组，电能计量用）
6	K31	过流继电器	33	TA1	电流互感器（差动保护用，输入侧）
7	K41	过流继电器（过负荷保护用）	34	TA2	电流互感器（过流保护用）
8	K12	差动保护检测继电器（第一相）	35	TA3	电流互感器（差动保护用，输出侧）
9	K22	差动保护检测继电器（第二相）	36	TA4	电流互感器（指示仪表用）
10	K32	差动保护检测继电器（第三相）	37	QF	变压器断路器
11	K10	自动合闸中间继电器	38	KM1	合闸接触器
12	K13	用于"防跳"的特殊中间继电器	39	Y0	断路器合闸线圈
13	K14	合闸状态电压继电器（信号用）	40	YR	断路器跳闸线圈
14	K17	跳闸状态电流继电器（信号用）	41	SBS1	紧急分闸按钮
15	K27	差动保护信号电流继电器	42	HL1	气体保护动作指示灯
16	K37	气体保护信号电流继电器	43	HL2	变压器高温保护动作指示灯
17	K47	过流保护信号电流继电器	44	HL3	变压器过负荷保护动作指示灯
18	K57	低电压保护信号电流继电器	45	HLG1	变压器控制屏上的绿色指示灯
19	K67	气体保护中间继电器（可选用）	46	HLG2	35kV 开关柜上的绿色指示灯
20	K6	低（欠）压保护时间继电器	47	HLR1	变压器控制屏上的红色指示灯
21	K16	过流保护时间继电器	48	HLR2	35kV 开关柜上的红色指示灯
22	K26	过流保护时间继电器（外接回路用）	49	R1	跳闸线圈回路限流与放电电阻
23	K36	过负荷保护时间继电器	50	R2	跳闸线圈回路限流电阻
24	K110	综合保护继电器（其他故障跳闸用）	51	R9	故障保护继电器 K5 电压线圈放电电阻
25	K111	35kV 侧低电压继电器	52	FU1~2	直流控制电源熔断器
26	K121	35kV 侧缺相继电器（低压保护用）	53	FU3~4	合闸回路电源熔断器
27	K211	10kV 侧低电压继电器	54	XB1~7	切换片（连接片）

了解元部件及其说明，就是从总体上对控制回路进行预读图，下面就可对图 3-17 所示的工厂变电所 35kV 主变压器控制及保护二次回路原理图进行逐个回路的详细读图了。为了避免在读图过程中出现杂乱无章现象，下面的读图采用按回路功能分开阅读。

2. 合闸操作

由图 3-17 的用途区可见，与合闸操作有关的回路有三个区域：两个"合闸回路"和一个"合闸指示灯"。两个"合闸回路"涉及的工作线圈分别为 KM1 和 YO，读图时可根据前面介绍的读图方法，根据各自回路中各触点的关系分别对两个回路进行分析。

(1) 合闸的逻辑函数。第一个线圈回路是 KM1 线圈回路。由表 3-4 可知 KM1 为合闸接触器，根据图 3-17 可构建使 KM1 线圈通电的逻辑函数为

$$F(KM1) = (K10+SA5\_8)\overline{K13}\,\overline{OF} \qquad (3-1)$$

其中，K10 为自动合闸中间继电器的控制触点，SA5_8 为手动合闸转换开关的触点，$\overline{K13}$ 为防跳继电器动断触点，$\overline{OF}$ 为断路器的动断辅助触点。

第二个线圈回路是 YO 线圈回路。由图 3-17 右边的"合闸回路"区域可构建 YO 线圈的逻辑函数为

$$F(YO) = FU3×KM1×KM1×FU4 \qquad (3-2)$$

式 (3-2) 表明，只要熔断器 FU3 和 FU4 完好，当合闸接触器 KM1 动作，断路器的合闸线圈 YO 即刻通电，使断路器合闸。因此合闸操作读图的主要任务就是分析合闸接触器 KM1 的工作情况。

由式 (3-1) 可知，当断路器未合闸且防跳继电器未动作时，只要自动合闸继电器发出合闸信号（K10 闭合）或手动控制开关 SA 打向合闸位置（SA5_8 闭合），则合闸接触器 KM1 线圈通电，其动合触点将控制断路器的合闸线圈 YO 通电合闸。

(2) 合闸前电路处于"跳闸后"状态。但由说明文件可知，手动合闸之前 SA 处于"跳闸后"状态。手动合闸操作时应先将 SA 扳向"预备合闸"位置，然后再扳向"合闸"位置，手松开后 SA 处于"合闸后"的位置。为了了解手动合闸过程中，图 3-17 所示二次回路原理图的工作过程，可根据表 3-4 所示各触点的变化情况逐一分析。

由表 3-3 可知，SA 处于"跳闸后"状态时有 5 对触点接通（2-4、10-11、14-15、18-20 和 22-24），其中触点 2-4 为外接其他控制电路用，触点 18-20 和 22-24 本电路未用。因此，在 SA 处于"跳闸后"状态时，只有两对触点 10-11

和 14-15 控制着本电路。触点 SA10-11 闭合，绿灯 HLG1（在变压器控制屏上）和 HLG2（在 35kV 开关柜上）回路接通，由信号小母线+WS1 供电发亮。但由于 HLG1 的电阻较大，不足以使合闸继电器 KM1 动作。绿灯亮表示断路器处于跳闸位置，且控制电源和合闸回路的状态良好。触点 14-15 闭合，但由于合闸状态继电器 K14 未闭合，红色合闸指示灯 HLR1（在变压器控制屏上）和 HLR2（在 35kV 开关柜上）处于熄灭状态。因此，当变压器手动控制操作开关 SA 处于"跳闸后"状态时，变压器控制屏和 35kV 开关柜上的两盏绿色的指示灯点亮，表明变压器的断路器处于正常分闸状态。

（3）预备合闸。当 SA 扳向"预备合闸"位置，由表 3-3 可知，SA 也有 5 对触点接通（1-3、9-10、13-14、17-18 和 21-22）。同样，SA 在"预备合闸"位置时，只有 1-3、9-10 和 13-14 等 3 对触点与本电路有关，而 17-18 和 21-22 两对触点与本电路无关。触点 1-3 在事故跳闸回路，虽然此时闭合，但由于触点 17-19 未接通，因此事故跳闸信号不会通过事故音响小母线 WFS 发出；触点 9-10 闭合，将用来通过 10-11 与电源小母线 WS1 连接的两盏绿灯 HLG1 和 HLG2 接到闪光小母线+WF，此时，变压器控制屏和 35kV 开关柜上的两盏绿色的分闸指示灯闪亮，发出绿闪光，表示情况正常，可以合闸；触点 13-14 闭合，两盏红灯 HLR1 和 HLR2 虽然也和+WF 连接，但由于合闸状态继电器 K14 未闭合，HLR1 和 HLR2 仍然处于熄灭状态。因此，当变压器手动控制操作开关 SA 扳向"预备合闸"位置时，变压器控制屏和 35kV 开关柜上的两盏绿色的指示灯由点亮变成闪亮，提示变压器主断路器处于预备合闸状态。

（4）合闸。当 SA 扳向"合闸"位置，由表 3-3 可知，SA 还有 5 对触点接通（5-8、9-12、13-16、17-19 和 21-23）。5-8 触点闭合，合闸接触器 KM1 线圈通电，KM1 的动合触点使图 3-17 右边合闸回路中的断路器合闸线圈 YO 通电，断路器 QF 合闸。QF 合闸后，其主触点闭合将一次回路中变压器的一次绕组与 35kV 母线连接，同时，QF 的所有动断辅助触点断开、动合辅助触点闭合。在图 3-17 中，QF 动断辅助触点有 3 对（图左边合闸回路 1 对、跳闸指示灯回路 1 对和图右边事故跳闸信号回路 1 对）；QF 动合辅助触点有 2 对（图左边跳闸回路 1 对、图右边跳闸回路断线信号回路 1 对）。

SA 扳向"合闸"位置使 QF 合闸后，图 3-17 左边合闸回路中的 QF 动断辅助触点断开，合闸接触器 KM1 线圈断电、变压器控制屏上绿灯 HLG1 熄灭。KM1 断电，其在图右边合闸回路的动合辅助触点断开，断路器合闸线圈 YO 失电，保证断路器合闸后合闸接触器 KM1 和合闸线圈 YO 复位，为下次合闸做准备。跳闸指示灯回路中的 QF 动断辅助触点断开，35kV 开关柜上绿灯 HLG2 熄

灭。图 3-17 右边跳闸信号回路中的 QF 动断辅助触点断开，确保事故跳闸信号小母线无信号输出。

　　SA 扳向"合闸"位置使 QF 合闸后，图 3-17 左边跳闸回路中的 QF 动合辅助触点闭合，接通断路器跳闸线圈 YR 回路，为断路器跳闸操作和故障跳闸保护做准备。同时，跳闸回路的 K14 和 K13 I 线圈通电（K14 为电压线圈，K13 I 和 YR 都为电流线圈。这样的线圈串联在一起通电，电压线圈动作，而电流线圈不会动作，只有电压线圈短接后，电流线圈才会动作）。K14 线圈通电动作，其动合触点使两盏红灯 HLR1 和 HLR2 点亮。此外，由于 SA 的 21-23 触点已经闭合，当图 3-17 右边跳闸回路断线信号回路中的 QF 动合辅助触点闭合时，启动断路器跳闸回路断线监测。若断路器合闸后其跳闸线圈 YR 回路（+WCL 经 K14 线圈到-WCL 之间）出现断线故障，K14 线圈失电，"跳闸回路断线"回路通过 WPS 小母线发出断路器"跳闸回路断线"信号。

　　综上所述，SA 扳向"合闸"位置时，图 3-17 所示原理图的主要动作有：① 使合闸接触器 KM1 和合闸线圈 YO 通电，从而使断路器 QF 合闸；② QF 合闸后绿色指示灯熄灭、红色指示灯点亮，同时合闸接触器 KM1 和合闸线圈 YO 恢复断电状态；③ 启动断路器跳闸线圈 YR 回路和断路器跳闸回路断线监测。

　　（5）合闸后。当松开 SA 使其处于"合闸后"位置，由表 3-3 可知，SA 仍然有 5 对触点接通（1-3、9-10、13-16、17-19 和 21-23）。其中，13-16、17-19 和 21-23 等 3 对触点的闭合状态与"合闸"位置时相同。1-3 触点在图 3-17 右边的事故跳闸信号回路，1-3 触点与 17-19 触点的一起闭合，启动了对断路器事故跳闸的监测。若断路器 QF 合闸后，其动断辅助触点闭合，说明断路器出现事故跳闸（不是通过操作开关 SA 进行的跳闸操作）。此时，通过信号小母线 WFS 将发出"断路器事故跳闸"信号。SA 的 9-10 触点闭合，将两盏绿灯 HLG1 和 HLG2 重新与闪光小母线 +WF 连接，为事故跳闸指示做准备。SA 的 13-16 触点闭合，通过与电源小母线 WS1 的连接，两盏红灯 HLR1 和 HLR2 点亮。SA 的 21-23 触点闭合，继续维持对跳闸回路断线的监测。因此，合闸后松开 SA，图 3-17 所示的工作状态为：启动对断路器事故跳闸的监测和对跳闸回路断线的监测；点亮两盏红色指示灯并将两盏绿色指示灯与闪光小母线 +WF 连接，为事故跳闸指示做准备。

　　通过上述分析，可以得知变压器断路器手动合闸操作是通过开关 SA 进行的。手动合闸操作前断路器处于跳闸状态，两盏绿色指示灯点亮。手动合闸操作时，先将 SA 板向"预备合闸"位置，观察到两盏绿色指示灯闪亮时即可将 SA 板向"合闸"位置，然后松开 SA 使其处于"合闸后"位置完成手动合闸操作。

手动合闸操作过程中，合闸继电器 KM1 与合闸线圈 YO 先后动作，完成断路器 QF 合闸后 KM1 与 YO 即断电复位、停止工作。QF 合闸后两盏绿色指示灯 HLG1 和 HLG2 熄灭，两盏红色指示灯 HLR1 和 HLR2 点亮。QF 合闸后，图 3-17 所示的原理图启动事故跳闸的监测和对跳闸回路断线的监测。变压器断路器也可通过自动装置进行合闸操作，自动合闸操作是通过 K10 的动合触点进行的，自动合闸操作除了没有"预合闸"过程外其他过程与手动合闸操作完全一样。

3. 跳闸操作

（1）跳闸的逻辑函数。跳闸操作都是在断路器处于合闸后（SA 扳向合闸后的位置）进行的。根据操作元件的不同，图 3-17 所示的断路器的跳闸操作有四种：① 正常跳闸操作；② 紧急跳闸操作；③ 自动跳闸操作；④ 故障跳闸操作。正常跳闸操作和紧急跳闸操作都属于手动跳闸操作，自动跳闸和故障跳闸都由自动装置发出信号，通过中间继电器进行操作的，因此，都属于自动跳闸操作。正常跳闸操作通过断路器操作开关 SA 进行；紧急跳闸操作通过紧急分闸按钮 SBS1 进行；自动跳闸操作由自动装置控制中间继电器 K110 动作并通过其动合触点实现的；故障跳闸操作则是通过 K5 动合触点完成的。四种跳闸操作，最后都是通过使断路器的跳闸线圈 YR 通电完成跳闸操作的。根据图 3-17，可以得到断路器跳闸线圈 YR 通电的逻辑函数表达式为

$$F(YR) = QF(SA6\_7 + SBS1 + K5 + K110) \tag{3-3}$$

式中，QF 为断路器动合辅助触点；SA6_7 为操作开关 SA 的触点 6-7；SBS1 为紧急分闸按钮；K5 为故障保护继电器；K110 为自动跳闸操作和其他故障综合继电器。

式（3-3）逻辑函数表示的是：当断路器处于合闸状态（QF 闭合）时，操作开关 SA 处于"跳闸"位置（触点 6-7 闭合）或者按下紧急分闸按钮 SBS1 或者故障保护继电器 K5 动作或者自动装置使继电器 K110 动作，则跳闸线圈 YR 通电，断路器跳闸。与合闸操作一样，下面分别对四种不同情况进行分析。

（2）正常跳闸操作。正常跳闸操作时，SA 先扳向"预备跳闸"位置，然后再扳向"跳闸"位置，最后松开 SA 使其自动回到"跳闸后"位置。由表 3-3 可知，SA 在"预备跳闸"位置时有 5 对触点闭合（2-4、10-11、13-14、17-18 和 21-22）。触点 2-4 为外接其他控制电路用，触点 17-18 和 21-22 与本电路无关，因此，只需分析触点 10-11 和 13-14 即可。虽然断路器 QF 的动断辅助触点未闭合（跳闸后才闭合），但触点 10-11 闭合将两盏绿色指示灯 HLG1 和 HLG2 与电源小母线 WS1 连接，为两盏绿色跳闸指示灯的点亮做准备。而且由于 QF 处于合闸状态，合闸状态继电器 K14 的动合触点闭合，SA 触点 13-14 闭合

后两盏红色指示灯与闪光小母线+WF连接，发出红色闪光，表示断路器QF处于"预备跳闸"状态。

此时，即可将SA扳向"跳闸"位置，其触点也有5对闭合（6-7、10-11、14-15、18-20和22-24）。其中触点18-20和22-24为综合自动装置用，与本电路无关，不做分析。触点6-7闭合，跳闸回路的特殊中间继电器K13电流线圈及断路器跳闸线圈YR直接与电源小母线+WCL连接，两个线圈电流有较大的工作电流通过，使断路器QF跳闸。触点10-11保持闭合，两盏绿色跳闸指示灯HLG1和HLG2与平光小母线WS1连接，断路器跳闸后其动断辅助触点复位闭合，HLG1和HLG2点亮，指示断路器跳闸成功。触点14-15闭合，两盏红色指示灯继续与闪光小母线+WF连接，为跳闸操作后指示断路器是否成功跳闸做准备。

松开SA，使其处于"跳闸后"位置，触点6-7断开，触点2-4闭合，其他触点的状态与"跳闸"位置时的状态相同。触点6-7断开后，特殊中间继电器K13的电流线圈及断路器跳闸线圈YR通过限流与放电电阻R1和K14线圈接到电源小母线+WCL。如果断路器跳闸成功，其动合辅助触点QF断开，K14线圈不会通电。如果断路器未能跳闸成功，动合辅助触点QF闭合，K14线圈得电，合闸回路中的K14动合触点闭合，此时由于两盏红色指示灯与闪光小母线+WF连接而将发出闪光红色信号，表明断路器未能成功跳闸，提醒操作人员进一步处理。

综上所述，正常操作过程是通过操作开关SA进行的，先将SA扳向"预备跳闸"位置，变压器控制屏和35kV开关柜上的两盏红色的合闸指示灯闪亮。再将SA扳向"跳闸"位置，使断路器实现正常跳闸操作。然后松开SA使其处于"跳闸后"位置，完成正常跳闸操作。正常跳闸操作后红色的合闸指示灯熄灭，绿色跳闸指示灯点亮。

（3）其他跳闸操作。除了通过SA进行的正常跳闸操作外，其他跳闸操作包括紧急跳闸、自动跳闸和故障跳闸，为了叙述方便，暂且称之为非正常跳闸。与正常跳闸操作的最大不同是非正常跳闸没有"预备跳闸"过程。紧急跳闸是通过SBS1进行操作的。当发现需要紧急跳闸的情况时，可以直接按压SBS1，将K14线圈及其放电电阻R1短路。这样特殊中间继电器K13的电流线圈和断路器跳闸线圈YR直接与操作电源小母线+WCL连接，流过YR线圈的电流随即明显增大，从而使断路器实现跳闸。

自动跳闸信号一般由自动装置（图3-17中未画出，实际读图时可参考其他说明和图样了解其原理）发出。自动装置一般为综合保护装置，当它检测到需

要使断路器跳闸时，将发出信号使中间继电器 K110 动作。K110 的动合触点闭合后，也是将 K14 线圈及其放电电阻 R1 短路，即可实现自动跳闸，跳闸过程与按压 SBS1 后的紧急跳闸相同。

故障跳闸就是故障保护跳闸，当变压器运行时出现可能威胁其正常安全运行的故障时，需要断开断路器，实现故障保护跳闸。在图 3-17 所示原理图中，造成跳闸的变压器故障保护主要包括过载保护、差动保护、低电压保护、气体保护和温度保护。这些保护的原理将在下文分析，这里先仅就其保护跳闸进行说明。这些故障出现时都将使故障保护继电器 K5 的电压线圈得电动作，K5 在跳闸回路与其电流线圈串联的动合触点闭合。K5 的电流线圈和跳闸状态电流继电器 K17线圈都是电流线圈，由于电流线圈的阻抗很小，当动合触点 K5 闭合时，相当于把 K14 线圈及其放电电阻 R1 短路。因此，故障跳闸与紧急跳闸或自动跳闸的过程一样。

前面说过，非正常跳闸时变压器手动操作开关 SA 都处于"合闸后"位置，SA 的触点 1-3、9-10、13-16、17-19 和 21-23 都处于"闭合"状态。非正常跳闸后 SA 的触点状态未改变，但由于 QF 的动断触点因 QF 的跳闸而复位闭合，变压器控制屏和 35kV 开关柜上的两盏绿色的跳闸指示灯 HLG1 和 HLG2 通过 SA 的 9-10 触点与闪光小母线+WF 连接，发出绿色的闪光信号，表明断路器处于非（通过 SA）正常操作的跳闸状态。

与此同时串接在跳闸回路中用于合闸信号发送的中间继电器 K14 线圈因回路中的 QF 的动合触点断开而失电，其在合闸指示回路中的动合触点断开，变压器控制屏和 35kV 开关柜上的两盏红色的合闸指示灯 HLR1 和 HLR2 熄灭。

（4）防止"跳跃"的功能。在图 3-17 中，合闸回路和跳闸回路中各有一个线圈，都标注为 K13。这是一个特殊的中间继电器。K13 之所以特殊，是因为它有两个线圈（一般一个为电压线圈，另一个为电流线圈），这两个线圈通电，都可使 K13 动作，使它的触点改变状态。这种中间继电器在断路器控制回路中与其他元器件配合，可以实现"防跳"功能。

如果没有 K13，当跳闸操作时虽然断路器已经跳闸（其动合触点断开、动断触点闭合），但由于机械卡住等原因，导致 SBS1、K110 或 K5 的动合触点中有一个不能复位（不能断开而仍然保持闭合），在下次进行的合闸操作（K10 闭合或SA 的触点 5-8 闭合）时，断路器合闸后由于 SBS1、K110 或 K5 的动合触点的闭合马上跳闸，跳闸后又再合闸，再跳闸……为了避免这样的"跳跃"现象出现，断路器的合闸电路一般设有类似 K13 的防跳继电器电路。

有了 K13 之后，虽然在合闸时也会因为 SBS1、K110 或 K5 的动合触点中

有一个不能复位而使断路器立即跳闸。但在使断路器跳闸的同时，与跳闸线圈 YR 串联的防跳继电器的电流线圈 K13 也同时通电，其与电压线圈串联的动合触点闭合自锁（因为 K10 闭合或 SA 的触点 5-8 闭合），与 KM1 线圈串联的动断触点 K13 断开。因此，合闸接触器 KM1 不会再次合闸，从而实现防跳功能。

4. 保护回路与信号回路

根据保护对象的不同，二次回路中的保护可分为对变压器的保护、对外部设备或线路的保护和对控制线路的保护。在图 3-17 所示的变电所 35kV 主变压器二次回路原理图中其保护功能主要有变压器的差动保护、气体保护、过流保护、低压保护以及跳闸回路断线报警信号和掉牌未复归信号。其中差动保护和气体保护属于针对变压器的保护，过流保护和低压保护则属于对外部设备或线路的保护，跳闸回路断线报警信号和掉牌未复归信号则是对控制线路的保护。

（1）针对变压器的保护。差动保护是用来保护作为变压器内部绕组接地、匝间短路或相间短路的保护。当变压器出现这些故障时其一、二次侧的电流不等，通过差动继电器即可检测出发生故障，并使断路器跳闸，从而进行实现对变压器的保护。在图 3-17 所示原理图的上部有三只差动保护继电器 K12、K22 和 K32，只要有一只差动继电器发生动作，右边用途区最上面的中间继电器 K5 的电压线圈得电，串接在掉闸回路的动合触点闭合，使跳闸线圈 YR 动作跳闸，同时信号继电器 K17 发出掉闸信号，信号 K27 发出差动保护动作的信号。中间继电器 K5 是双线圈（电压、电流）继电器，具有自保持功能（依靠电流线圈自锁），能够确保在断路器 QF 跳闸之前，K5 的电流线圈保持通电状态（动合触点一直是闭合），直到断路器确实跳闸，跳闸线圈 YR 回路串联的断路器 QF 的动合辅助触点断开。

气体保护是指在变压器油管道上采用气体继电器检测变压器油中是否存在因为匝间或相间短路故障产生的气体，从而发出故障信号使断路器跳闸的保护。图 3-17 中，气体继电器 K2 有两个动合触点，一个位于图左边的"气体动作信号"区，控制两盏光字牌指示灯 HL1，作为气体保护灯光报警。另一个 K2 的动合触点在"气体保护回路"区与 K37 线圈串联。通过该触点，在气体保护动作时也可使 K5 动作，从而使断路器跳阀，同时信号继电器 K37 动作发出气体信号。但如果 K37 所接的连接片 XB 不是与中间继电器 K5 的电压线圈连接，而是与 K67 线圈连接。则 K67 动作时只能使光字牌的指示灯亮，发出气体动作信号，不能使断路器跳闸。K2 动作时是否使断路器实现跳闸，可根据实际需要选择。

此外，变压器出现异常或故障应该提醒管理人员及时处理，图3-17左边二次回路上部的三组光字牌指示灯HL1、HL2和HL3就是作为变压器异常的灯光报警用的，它们也可以看作是对变压器正常运行的一种保护。所谓光字牌，实际上是带有面板的指示灯。面板上标注有代表异常名称的文字，早期的面板为毛玻璃制成，现在多采用半透明的塑料作面板。面板里面装有报警指示灯，出现异常时，对应的指示灯点亮或闪亮，使面板上的文字更加清晰，从而提醒管理人员及时处理。图3-17的变压器采用油浸式冷却，若变压器油温度过高，温度继电器K1（θ）的动合触点闭合，光字牌指示灯HL2将显示"变压器油温度高"。光字牌指示灯HL1和HL3分别用来指示气体继电器动作和过电流保护动作。

（2）针对外部设备的保护。过电流、过载和低电压都是变压器外部因素引起的异常现象，是外部设备短路或过载引起的，一般外部设备都设有针对相应故障的保护。对于变压器的断路器，为了尽量不中断供电，应对这些故障时，一般采用时间继电器延时响应。只有外部设备保护失效或不能保护时，才使主变压器的断路器跳闸，因此，图3-17所示电路原理图中，过电流、过载和低电压保护都采用时间继电器进行延时。

过流继电器K11、K12、K13中有一个动作时，时间继电器K16线圈通电，开始延时。当过流延时时间大于整定时间时，其延时闭合的动合触点闭合，也将使K5动作，导致断路器QF跳闸，且信号继电器K47发出过流信号。同时，与K16线圈并联的时间继电器K26在过流时也会延时，延时时间到则其在外引触点区的动合触点闭合，将过流信号引自其他需要的地方。

外部设备发生短路时，电网各点的电压将有不同程度的降低，低电压不仅对电动机和利用电磁感应原理工作的电器造成损害，也会影响继电保护的准确动作，因此必须设置低电压保护。如图3-17所示电路中，手动操作时控制开关SA1的触点1-2和3-4接通。K121和K221分别为35kV和10kV母线的缺相继电器，母线缺相时缺相继电器发出断线报警（图中未画出）的同时，动断触点K121和K221断开，切除低电压保护回路（母线缺相由其他回路进行保护）。母线正常工作时动断触点K121和K221闭合，若35kV母线或10kV母线出现低电压异常时，低电压继电器K111或K121的动合触点闭合，使低电压保护回路动作，时间继电器K6线圈得电，开始延时。当低电压时间大于K6整定时间时，K6动合触点闭合，也能使K5动作，使QF跳闸。同时信号继电器K57动作，发出低电压信号。

（3）针对控制回路的保护。控制回路出现异常就不能正常对变压器的断路器正常操作，在图3-17所示的变压器二次回路中针对控制回路的保护主要是发

出故障或异常信号，提醒管理人员及时处理。具体有断路器跳闸线圈回路检测报警和掉牌未复归信号等。

如果断路器跳闸线圈回路出现断线，出现需要跳闸的故障时，虽然 K5 动作却不能使跳闸线圈 YR 通电，使 QF 跳闸。尤其是需要紧急跳闸（按压紧急跳闸按钮 SBS1），若断路器 QF 不能及时跳闸，变压器将不能及时得到保护，将损坏一次回路的设备，使故障范围扩大，甚至造成严重的事故。因此，该二次回路中设置有跳闸线圈回路检测报警回路，其原理如下：跳闸线圈回路断线检测元件是中间继电器 K14，K14 与电阻 R1 串联后串接在跳闸线圈 YR 的回路中。当断路器处于合闸工作状态，其动合触点 QF 闭合，此时有电流流过 K14 的线圈，K14 动作。若跳闸回路断线，K14 不能动作，其动断触点 K14 闭合，由于控制开关 SA 在"合闸后"触点 SA21-23 闭合，将使右边用途区中"跳闸回路断线"回路接通，信号小母线 WPS 有电发出"断路器跳闸回路断线"的报警信号，提醒管理人员及时处理，避免重大事故发生。与中间继电器 K14 线圈串联的电阻 R1 此时所起的作用是限制流过 K14 线圈的电流，保证断路器正常合闸工作时，跳闸线圈 YR 不能动作。

在跳闸线圈断线检测信号回路下面是掉牌未复归信号回路。所谓掉牌是指信号继电器动作后，在继电器前端的小窗口可见原来的显示牌掉转，一般由白色变成红色，以突显该信号继电器处于动作状态。信号继电器掉牌后，一般需要及时手动复位。而二次回路的信号继电器通常较多，且观察显示牌的小窗口又较小，容易造成疏忽而没能及时复位。因此，有必要设置专门的掉牌未复归信号提醒管理人员。

掉牌未复归信号回路在图 3-17 的右下角，将所有可能掉牌的 5 个信号继电器的动合触点 K17、K27、K37、K47 和 K57 并联，只要其中一个动合触点闭合，就说明该信号继电器处于掉牌未复归状态。此时，信号小母线 WS2 将输出"掉牌未复归信号"，并通过一定的方式提醒管理人员及时检查，找出未复归的信号继电器并于予复归。

三、其他电气工程图

变电所的电气工程图还有很多，有各种位置类的图，有各种设备的安装图，还有各种设备的原理图、功能图、表图等，更有数量不少的说明性文件。有关位置类的图和安装类的图以及功能图和表图等可参考前文所介绍的这些图的读图方法和注意事项。各种设备的原理图又因为设备的不同、生产厂家的不同、生产年代的不同而有很大差别。同时关于这些设备的原理，也需要与之相关的专业知识，

具体读图时可以结合专业知识进行阅读。但各种设备的安全保护方面却是电气读图时应该给予足够重视的地方。因此，下面将简要介绍在变电所电气系统中常见的与安全保护有关的线路原理，方便读者在读变电所各种电气图样时，迅速掌握相关安全保护线路的原理。

供配电线路的继电保护装置实际并不复杂。线路的保护主要有过载保护、相间短路保护和接地保护等。应该说，一般电力线路不单独装设针对线路的过载保护装置，而是与线路上的元器件共用一套过载保护装置。如上面介绍的变压器二次控制回路中就有过电流保护，它不但作为变压器的过载保护，也作为变压器输出侧线路的过载保护。下面首先介绍电力线路的相间短路保护，然后介绍单相接地保护，最后介绍变电所的防雷保护。

（一）供配电线路的短路保护

电力线路的短路保护也是利用电流互感器和电流继电器配合，通过作用在断路器的跳闸线圈，使断路器跳闸，切断线路以达到保护目的。如图3-17中的继电器动合触点K110闭合，断路器即实现跳闸。相间短路保护主要采用带时限的过电流保护和瞬时动作的电流速断保护。

1. 对短路保护装置的要求

电力网出现突然短路故障的原因有两相短路和三相短路两种。它们都对电力网产生很大的破坏力，必须采用专门的保护装置及时将短路部分线路切除，才能保证整个电力网的安全运行。对专门保护装置的要求主要有选择性、灵敏度、可靠性和速动性四个方面。

选择性就是在供电系统发生故障时，只使电源一侧距离故障点最近的保护装置动作，切除故障部分线路，而系统的其他部分能够继续运行。简单地说，就是只切除故障部分，没有故障的部分应该能继续运行。灵敏度主要指保护区内发生故障和不正常状态时，保护装置的反应能力。高灵敏度的保护容易对故障做出反应，故障波及影响的范围小，但保护装置复杂、价格较昂贵。可靠性要求保护装置本身必须可靠工作，接线方式力求简单，触点回路尽量少（因为在实际的电路中，多一个元件或触点，就多一个故障存在的隐患）。可靠性一般可采用拒动率和误动率来衡量，拒动率和误动率越小可靠性越高。速动性就是快速切除故障，减小故障的影响范围。

为了满足上述要求，短路保护装置的实现方案可以有多种。比如可设置多级电流继电器，安装在电力网的不同点，分别进行保护。多级保护装置可以根据电流原则进行保护。一般电力网的末端靠近具体的用电设备，线路电流相对较小，而靠近电源总引入线的一端，线路的电流就大很多。可以将线路末端的保护装置

整定电流调整得较小，一出现故障，首先切除末端的故障线路，此时靠近电源端的保护装置不应该动作，以确保大部分线路能够正常运行。若故障电流很大，说明故障靠近电源侧，为了满足速动性的要求，安装在电源侧的保护装置就应该迅速动作，切除故障线路，保证电力网免遭严重的破坏。这样既可满足选择性要求又能满足速动性要求。

多级保护装置还可以根据时间原则进行保护，即安装在末端的保护装置动作反应时间短一些，靠近电源侧的保护装置动作反应时间长一些。故障发生时首先由末端保护装置动作，若末端保护装置未能及时动作，靠近电源侧的保护装置再动作。这样既可满足选择性的要求也可满足可靠性要求。实际的电力网则一般采用时间和电流相结合的原则实现保护。采用时间和电流相结合原则，末端保护装置的动作电流整定值小、动作时间快，靠近电源侧的保护装置电流整定值大、动作时间相对慢一点。

反应动作时间的快慢，就是对保护装置设定时限，保护装置的时限有定时限和反时限两种。所谓定时限，是指不管电流多大，只要超过整定值，保护装置的动作时间是固定的，达到动作时间，电流仍然超过整定值，保护装置即动作，切除故障线路。所谓反时限，是指实际电流超过整定值越多，保护装置的动作时间越短，越快速地切除故障线路。反之，实际电流超过整定值越少，保护装置的动作时间越长。下面分别举例进行说明。

2. 定时限过电流保护线路

图 3-19 所示是定时限过电流保护装置的线路。当一次电路发生相间短路时，电流继电器 KA1 或 KA2 瞬时动作，闭合其触点，使时间继电器 KT 动作。KT 经过整定的时限后，其延时触点闭合，使串联的电流型信号继电器 KS 和接触器 KM 动作。KS 动作后，其指示牌掉下，同时接通信号回路，给出灯光信号和音响信号。KM 动作后，接通跳闸线圈 YR 回路，使断路器 QF 跳闸，切除短路故障。QF 跳闸后，其动断辅助触点 QF1-2 随之切断跳闸回路，以避免跳闸线圈长时间带电而烧坏。在短路故障被切除后，继电保护装置除 KS 外的其他所有继电器均自动返回起始状态。因为断路器跳闸后，过电流消失，KA1 和KA2 都自动复位，时间继电器 KT 和接触器 KM 也相继复位。只有信号继电器KS 具有保持功能，所以即使其线圈失电，触点也不能复位，故障处理完后，KS需通过手动复位。

3. 反时限过电流保护的组成和原理

图 3-20 所示是反时限过电流保护装置的线路。当一次电路发生相间短路时，GL 型电流继电器 KA1 或 KA2 动作，经过一定延时后，其动合触点先闭合，

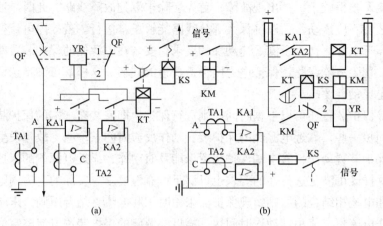

图 3-19　定时限过电流保护线路

（a）接线图；（b）展开图

紧接着其动断触点后断开。采用先闭合后断开的顺序切换其触点，可以保证电流互感器工作时二次侧不能开路的要求。这时断路器因其跳闸线圈 YR 失去分流而跳闸，切除短路故障。在 GL 型继电器断开分流接通跳闸线圈的同时，其信号牌掉下，指示保护装置已经动作。短路故障切除后，继电器可自动复位，但其信号牌需利用外壳上的旋钮手动复位。

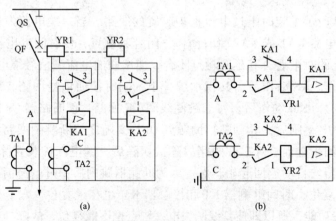

图 3-20　反时限过电流保护线路

（a）接线图；（b）展开图

GL 电流继电器本身具有反时限延时功能，当电流互感器检测到的电流大时，

GL电流继电器动合触点闭合和动断触点断开的时间短，断路器的跳闸线圈通电使断路器跳闸的时间也短。反之，检测到的电流小时跳闸线圈通电的时间长，断路器的跳闸时间也长。GL电流继电器动合触点的符号"⌐⌐"表示的含义是多个触点同时动作时，此触点比别的触点提前动作。

反时限过电流保护装置操作电源就是电流互感二次侧电流，无需另配操作电源，所以所需元件少、电路简单，在供电线路过电流保护中应用广泛。

（二）接地保护电气图

接地保护中的"接地"与第一节介绍的三相交流低压电网的接地方式中的接地概念不同。第一节的接地是指电力系统中性点与地连接的方式，是一种工作方式。而接地保护中的接地则是指电力系统发生故障时，线路与大地接触出现的接地，是一种故障表现形式。电力系统发生接地故障的情况可以有三种：单相接地、两相接地和三相同时接地。两相和三相同时接地故障的发生概率较小，单相接地是电力系统中出现最多的接地故障。单相接地保护有两种方式：① 绝缘监视装置装设在变配电所的高压母线上，保护动作时产生相应的信号；② 有选择性的单相接地保护（零序电流保护），保护动作时也产生信号，但当接地危及人身和设备安全时，则应使保护动作作用于断路器的跳闸线圈，使断路器跳闸，切除故障点。

由第一节可知，在三相交流低压电网的接地方式中，TN系统的电源都是中性点与大地直接连接的三相带零线的系统。这样的系统工作时若某条相线与大地接触（出现接地故障），将出现短路故障，短路电流将很大。因此，TN系统又被称为大电流接地系统。而电源中性点与大地没有连接和没有直接连接的系统（三相三线制系统或中性点通过高阻抗接地系统），若某条相线接地，虽然系统存在分布电容等，也会出现故障电流，但故障电流较小。因此，常被称为小电流接地系统。三相三线制系统出现单相接地故障时产生的故障电流最小，如果接地点只有一个，一般还可暂时维持系统的继续运行。但毕竟存在隐患，供配电系统也应及时发现，及时处理，避免故障的发生和扩大。

由此可见，电力网出现单相接地故障时，应该及时进行检测和保护。根据电力系统中性点接地方式的不同，保护系统的形式和原理一般也不一样，下面分别进行简要介绍。

1. 大电流接地系统的单相接地保护

图3-21所示的是大电流接地系统单相接地保护线路。图3-21（a）是其接线原理图，图3-21（b）是展开图。三个电流互感器TA1～TA3检测三相电流，如果三相的相线与大地绝缘良好（没有电流从大地漏掉回到电源），根据电路基

础知识，三相交流电流的瞬时值之和在任何时刻都为零。因此，理论上讲，在没有发生漏电流时，流过图 3-21 中的电流继电器 K3 的电流值为零。另外两个电流继电器 K1 和 K2 进行正常工作电流检测。

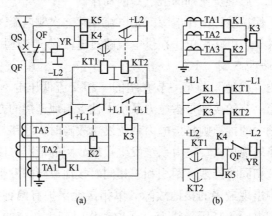

图 3-21　大电流接地系统单相接地保护

（a）接线图；（b）展开图

当系统发生单相接地故障时，由于三相电流瞬时值之和不再为零，因此电流继电器 K3 线圈有电流流过。流过 K3 的电流超过整定值时，K3 动作，时间继电器 KT2 开始延时，延时时间到后，其动合触点闭合，信号继电器 K5 的线圈通电动作，其动合触点接通发出过电流故障信号，同时断路器的跳闸线圈 YR 通电，断路器跳闸，达到单相接地故障的保护。

图 3-21 所示的线路还可作为过流保护。系统出现过电流时，电流继电器 K1 或 K2 电流超过其整定值，时间继电器 KT1 线圈通电延时，延时时间到后，其动合触点闭合。信号继电器 K4 发出过电流故障信号，同时断路器的跳闸线圈 YR 通电，断路器跳闸，达到过电流故障的保护。

如果系统只要求实现单相接地故障保护，而不需要同时进行过电流保护（过电流采用其他线路进行保护），则图 3-21 中的 K1、K2、KT1 和 K4 可以省略，三只电流互感器并联向电流继电器 K3 供电，就成为专门用来检测接地故障的所谓的"零序电流过滤器"，如图 3-22 所示。

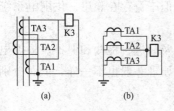

图 3-22　零序电流过滤器

（a）接线图；（b）展开图

2. 绝缘监察装置电气图

对于小电流接地系统来说，单相接地故障暂时不会影响系统正常工作，因此没有必要使断路器跳闸。此时，可采用绝缘监察装置对系统绝缘进行监测，以便发现接地故障时能够及时处理和排除。

图 3-23 所示的是绝缘监察装置电气图，该装置也是利用带中线的三相交流系统正常工作时三相电压的瞬时值之和为零的原理进行工作的。图中，T1 为具有两个二次绕组的三相电压互感器，其二次侧的一组三相绕组接成星形连接，为三个电压表 H1、H2 和 H3 供电；另外一组二次绕组接成开口三角形（三个绕组按极性串联），然后与过电压继电器（"$U>$"）K1 连接。当系统工作正常时，三相电压瞬时值很小（理论上为零，实际由于三相负荷不平衡，线路压降也不一样，将存在一定的被称为"零序"的电

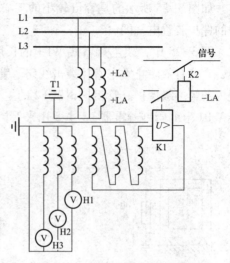

图 3-23 绝缘监察装置电气图

压），过电压继电器 K1 不动作。若系统出现接地或绝缘下降的故障，三相电压的瞬时值之和将不为零。当三相电压的瞬时值之和达到 K1 的整定数值时，K1 动作，其动合触点闭合，使信号继电器 K2 线圈通电动作，发出"系统出现接地或绝缘下降"的故障信号。

（三）防雷保护电气图

我国幅员辽阔，许多地区是雷电多发区，而且大部分电力网采用架空线路，经常会受到雷电高电压的侵害。因此，对于供配电网络，防雷保护是必不可少的保护措施之一。

电力网常采用的避雷措施有避雷针、避雷线、避雷器、避雷带和避雷网。避雷器是限制由线路侵入的雷电波对变电所内电气设备造成过电压损害的主要装置，一般装设在各段母线与架空线的进出口处。避雷器相当于一个阀门，或可理解为是一个"工作电压非常高的稳压管"，它串接于被保护设备线路的接线柱与大地之间。当线路与地之间的电压小于其保护电压时，避雷器呈现非常高的阻抗，不影响系统的正常工作。若有雷电入侵，线路的电压瞬时达到非常高的数值，避雷器这个"阀门"打开（或理解为"稳压管"被击穿），呈现低阻抗状

态，高电压与大地直接短接，强大的雷电流通过避雷器流入大地，不对系统线路造成破坏或将破坏降低到最小的程度。当雷电过后，线路恢复正常电压时，避雷器又恢复高阻抗状态（绝缘状态），相当于阀门关闭或稳压管截止，线路继续正常运行。图 3-24 所示为避雷器的基本电路图。

如图 3-25 所示的是容量较小的工矿企业和农村 35kV 变电所防止雷电波入侵的保护装置电气图。

图 3-25 中，架空避雷线 WP1 的长度一般为 500～2000m，避雷线应可靠接地，它能有效防止雷电直接袭击线路。管型避雷器 F1 是防止雷电波沿线路 WL1 侵入的第一级保护。管型避雷器 F2 的主要作用是保护出口断路器 Q2。安装在母线 WB1 上的阀型避雷器 F3 主要用来保护变电所设备。

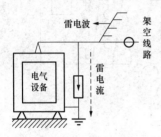

图 3-24　避雷器基本电路

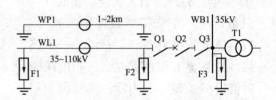

图 3-25　变电所防雷保护装置电气图

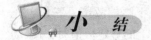

电力系统是由发电机、电力网和负荷组成的。电力网又分为输电系统和配电系统。升压变压器和输电线路称为输电系统；降压变压器和配电线路部分称为配电系统。向工业企业供电的供配电系统通常称为工业企业供配电系统；向商业和居民供电的供配电系统则通常称为民用供配电系统。根据降压级数的不同，供配电系统可分为：二级降压的供配电系统、一级降压的供配电系统和直接供电的供配电系统。三相交流低压电网的接地方式有三种五类：TN-S 系统、TN-C-S 系统、TN-C 系统、TT 系统和 IT 系统。

供配电系统由一次部分和二次部分组成。系统中用于变换和传输电能的部分称为一次部分，其设备称为一次设备（如变压器、发电机、电力线路、互感器、避雷器、无功补偿装置等），由这些设备组合起来的电路称为一次回路。供配电系统中的电气工程图也主要分为一次接线图、二次接线图和继电保护图等。表示用来控制、指示、测量和保护主接线（主电路）及其设备运行的接线图，称为

二次接线图（或二次结线图），也称二次回路图（或二次电路图）。二次接线图是二次回路各种元件设备相互连接的电气接线图，通常分为原理图、展开图和安装图三种。它们各有特点而又相互对应，但其用途不完全相同。

民用住宅通常分三种类型，即普通平房、住宅楼和高层建筑。住宅楼是指2~7层的住宅楼房，它在民用住宅中是最具有代表性的。掌握了住宅楼的电气线路，对于平房和高层建筑住宅的电气线路也就基本掌握了。民用住宅楼电气线路较为简单，一般包括照明、电话、有线电视，较高级的住宅还有空调、火灾自动报警及自动消防系统、防盗保安系统、电子监控系统及其附属的动力装置等。住宅楼照明系统图的读图目的主要是：掌握该住宅楼照明系统的总体组成；掌握各个组成部分之间的有关信息（包括单元总配电箱组成元器件的型号、各分配电箱组成元器件的型号、线缆走向与型号等）。

识读住宅楼照明平面图的主要目的是：明确所表述的建筑物（单元）内各种照明灯具及其辅助器件的相对位置或绝对位置及其有关参数以及其他必要的相关信息。一般应该掌握线缆及其走向、灯具及其控制。住宅电气工程图一般还包括有线电视（CATV）系统、电话系统和防雷系统等。其中，有线电视系统和电话系统又被称为弱电系统。弱电系统的电气工程图一般也有概略图和平面图两类。概略图的读图目的也是了解和掌握系统的总体组成，明确组成元器件的型号、线缆走向与型号等。平面图的读图目的则侧重于元器件的具体位置、线缆的走向及其他相关信息。住宅楼的防雷系统也属于住宅楼电气系统的范畴。防雷系统读图时，要求有一定的防雷知识，如：防雷接地与保护接地一般应单独使用，防雷接地电阻要求为小于10Ω；防雷系统如不用主筋下引，则应在墙外单独设置下引线并与接地极连接等。

工厂变配电所通常设有保护、控制、测量、信号装置及功能齐全的自动装置，因此变配电所一般是一个复杂的系统。变配电所的总图主要包括电气主接线图和电气总平面布置图。

变电所的主接线图又称原理接线图，是用来表示电能由电源分配给用户的主要电路。在主接线图中表示的是所有的电气设备及其连接关系，主要包括开关的组合、母线的连接和主接线等。主接线图一般只表示电气装置的一相连接，因而主接线图也称为单线图。母线是指从变电所的变压器或配电所的电源进线到各条馈出线之间的电气主干线，是汇集和分配电能的金属导体，又称为汇流排。母线的连接方式又称为母线制。常用的母线制主要有三种：单母线制、单母线分段制和双母线制。主接线主要指变压器的连接形式，变电所的主接线可概括为两类：线路-变压器组方式和桥形接线方式。

电气主接线图的读图首先从电源进线或从变压器开始阅读，然后按照电能流动的方向逐一进行识读。具体读图步骤一般为：首先看电源进线，然后看主变压器技术数据，接着看各个等级主接线方式，再看开关设备配置情况，同时看有无自备发电设备或 UPS，最后看避雷等保护装置情况。

工厂变电所的设备中，用来对一次设备进行操作控制和运行管理的测量表计、控制及信号装置、继电保护装置、自动和远动装置等通称二次设备。表示二次设备间相互连接关系的电路，称为二次回路。一次回路是主电路，二次回路是辅助电路，是主体设备的辅助电路。二次回路的主要特点是元件多、接线复杂，是变配电装置中读图的难点。二次接线图主要是描述二次设备的全部组成和连接关系，表示其电路工作原理的简图。二次回路一般由测量回路、控制回路和信号回路三部分组成。

二次回路电气读图的主要任务有：阅读所有一次设备的控制回路，明确控制原理；阅读与各一次设备控制回路有关的公共二次回路（如共用信号的产生回路、共用小母线的构成回路、集中控制管理系统等）。二次回路读图时一般可：① 总体了解；② 做记录或做辅助标记；③ 以触点为主、线圈为辅读图；④ 注意由易到难，由局部到整体的原则；⑤ 注意对照阅读。

读主变压器控制原理图时应该掌握：控制原理图（线路）的组成，断路器合闸和跳闸的手动或自动操作过程，保护回路与信号回路的数量、用途和原理。

?—思考题—

3-1　什么是电力系统？什么是供配电系统？

3-2　三相交流低压电网接地方式有哪些？什么是大电流接地系统和小电流接地系统？

3-3　什么是供配电系统的一次部分和二次部分？什么是供配电系统电气工程图？

3-4　什么是民用住宅楼？民用住宅楼电气工程图主要包含什么？

3-5　住宅楼照明系统图读图的主要目的是什么？

3-6　工厂变配电所的装置是指什么？什么是变配电所的总图？

3-7　什么是变电所的主接线图？为什么变电所的主接线图几乎都是采用单线表示？

3-8　什么是母线？什么是母线制？常用的母线制有哪几种类型？

3-9　变电所的主接线可概括为哪两类？它们各有什么特点？

3-10　什么是二次设备？什么是二次回路？二次回路有什么主要的特点？

3-11　二次回路主要由哪些部分组成？各组成部分的主要用途是什么？

3-12　二次回路电气读图的主要任务是什么？

3-13 二次回路读图时的一般步骤是什么？每一步的作用又是什么？

3-14 读主变压器控制原理图时应该掌握什么？

3-15 什么是变压器的差动保护？为什么要设置变压器的差动保护？

3-16 在工厂变电所中，主变压器的保护主要有哪些？它们的保护内容各是什么？

3-17 变压器过流保护有哪些方式？什么是定时限？什么是反时限？

3-18 什么是防跳功能？防跳功能通常采用什么实现？

3-19 什么是小母线？小母线的主要作用有哪些？

3-20 什么是单相接地？单相接地有什么危害？如何避免或减小单相接地的危害？

第四章

电力拖动电气原理图的读图

本章提要

　　本章在介绍异步电动机典型主、辅电路图的基础上，说明了简单电力拖动电气原理图的识读，并在此基础上给出了几种较复杂的机械电气控制线路的读图实例，最后以交流双速电动机拖动的电梯继电接触器控制系统为例，详细介绍复杂系统电气原理图的识读。

　　所谓拖动系统就是采用原动机带动生产设备转动或移动的能量转换传输系统。电力拖动系统的原动机是电动机。一般而言，一个电力拖动系统由三部分组成：电动机及其电源、控制线路和生产机械及传动机构。根据使用电源的不同，电力拖动系统又可分为直流和交流电力拖动系统。不论是直流或交流电力拖动系统，当电动机接通电源后，便可产生电磁转矩，使电动机旋转起来，同时带动（拖动）生产机械工作。

　　实际工业生产中，我们接触到的大多数生产机械都是电力拖动系统，尤其是采用三相鼠笼式异步电动机的交流电力拖动系统。因此，能正确读懂电力拖动系统电气原理图是电气安装、运行和维修所不可缺少的技能。

第一节　简单电气原理图的读图

　　任何一台设备的电气控制线路总是由主电路和辅助电路两大部分组成。辅助电路又包括控制电路和显示、照明等其他辅助电路。而控制电路又可分为若干个基本控制线路或环节（如点动、正反转、降压起动、制动、调速等）。分析电路时，通常首先从主电路入手。

　　其他辅助电路主要包括电源显示、工作状态显示、照明和故障报警、连锁和保护环节等部分。它们大多由控制电路中的元件控制，所以在分析时要对照控制电路进行分析。

一、异步电动机的主电路

分析主电路时，首先应了解设备各运动部件和机构采用了几台电动机拖动。然后按照顺序，从每台电动机的主电路中所使用接触器主触头的连接方式，可分析判断出主电路的工作方式，如电动机是否有正反转控制、是否采用了降压起动、是否有制动控制、是否有调速控制等。

图4-1所示的是鼠笼式三相交流异步电动机常见的主电路。图4-1（a）为直接起动（又称为全电压直接起动）的主电路，图4-1(b)~图4-1(d)是分别采用自耦变压器降压、串阻抗降压和星-三角降压起动的主电路。图4-1（a）~图4-1(d)都是不可反转（即单向运转）的主电路，图4-1（e）则是可正转也可反转的直接起动主电路。此外，还有延边三角形降压起动主电路，反接制动、能耗制动主电路，多速电机（变极调速）主电路和绕线式异步电动机主电路等。

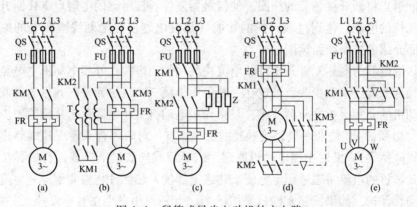

图4-1　鼠笼式异步电动机的主电路

（a）直接起动；（b）自耦变压器降压起动；（c）串阻抗降压起动；

（d）丫-△降压起动；（e）正反转控制

读电力拖动系统的主电路图，主要应读懂线路组成，读懂电动机是如何通电起动和运行，读懂线路中所采取的各种保护措施和原理。下面就图4-1所示的各种主电路图分别进行读图。

1. 直接起动主电路

图4-1（a）所示的异步电动机直接起动主电路是最简单也是最常用的主电路形式之一。图中的主要元件有：① 三相鼠笼式异步电动机M；② 热继电器的

发热元件 FR；③ 主接触器 KM；④ 熔断器 FU；⑤ 电源开关 QS。

图 4-1（a）的电源由 L1、L2 和 L3 引入，将电源开关 QS 合上（QS 的主要作用是电气隔离，可在检修电动机时断开），三相交流电就到达接触器 KM 主触点的上方。当控制线路使接触器的主触点闭合时，三相交流电经过热继电器的发热元件 FR 后到达三相交流异步电动机，使异步电动机通电起动运行。若控制线路使接触器的主触点断开，则异步电动机断电，停止运转。

在图 4-1（a）中，主要的保护元件有熔断器 FU、热继电器的发热元件 FR 及接触器的主触点 KM。熔断器 FU 主要起短路保护作用。当主电路（包括异步电动机）发生短路时，主电路将出现很大的短路电流，使熔断器 FU 的熔丝瞬间熔断。异步电动机失去三相交流电源将很快减速并停止运转。热继电器 FR 的发热元件起过载检测作用。若异步电动机过载（或缺相运行），主电路的电流将超过额定电流值。过载电流将引起电动机发热增加，电动机的温升加大，达到一定数值后若不及时切断电动机的电源，电动机的绝缘下降，很快烧毁。采用热继电器保护时，过载电流也通过其发热元件，达到一定温度后，热继电器动作，其动断辅助触点将断开接触器的线圈，使接触器复位。接触器的主触点 KM 断开，切断电动机的电源，达到过载保护的功能（热继电器使接触器线圈断电的原理参见下面介绍的控制线路读图分析）。

热继电器的发热元件是作过载电流检测用的。串接在异步电动机主电路中的发热元件一般要求至少两个，现在一般采用串接三个发热元件。其目的是兼作异步电动机的缺相保护。所谓缺相，是指异步电动机三相电源由于某种原因少了一相（如熔断器 FU 烧断一只、接触器的主触点有一对未闭合或者三相线路出现一相断线故障等），此时根据电动机原理，带半载或半载以上负载运行的异步电动机，其通过的电流将超过额定电流。热继电器的发热元件将检测到这一电流，并最终动作保护。如果发热元件只采用一个，万一缺相发生在装有发热元件的相，则发热元件不能检测到另外两相线路的大电流，不能实现保护。因此，应该采用至少两个发热元件来检测。

应该说明的是，热继电器只能作为过载或缺相保护，不能作为短路保护。因为热继电器的发热元件感测过电流反应的时间长，对于短路电流虽然也能检测到，但需要经过较长时间才能动作，因而起不到短路保护作用。此外，在图 4-1（a）中，接触器 KM 还具有失压和欠压保护功能，将在下面分析控制电路时给予说明。

2. 降压起动主电路

鼠笼式异步电动机的主要优点是结构简单、控制方便、工作可靠、经济性

能较好，但其起动性能和调速性能较差。起动时，普通异步电动机的起动电流一般为其额定电流的 4~7 倍，而起动转矩仅为其额定转矩的 1.0~2.0 倍左右，专门为起重设备设计制造的异步电动机起动转矩也仅为其额定转矩的两倍多。

而且异步电动机过载能力与电源电压有关，电源电压降低为额定电压的 85% 时，最大转矩一般就下降到额定电压时最大转矩的 75% 左右。若电源容量较小（电源变压器的容量相对较小），当起动容量相对较大的鼠笼式异步电动机时，较大的起动电流将使线路产生较大的压降，这将可能对正在运行的其他电气设备产生较大的影响，有时甚至会使正常运行的异步电动机自动停机。为了避免容量相对较大的电动机的起动电流对电网电压造成影响，通常要求电动机容量相对较大的鼠笼式异步电动机采用降压起动。

所谓降压起动，是指降低电动机起动时的电压，从而降低电动机的起动电流，以避免其对电网电压造成较大的影响。当电动机起动起来转速较高时，再使加在电动机的电压达到额定电压（即进行二次起动）。降压起动的方法，如前所述，常用的有自耦变压器降压起动、串阻抗降压起动、Y-△ 降压起动，它们分别对应图 4-1（b）~（d）所示的主电路。应该指出的是，电动机采用降压起动，其起动转矩也相应减小。因此，为了满足起动转矩的要求，应该合理选择电动机起动时降压的幅度。

Y-△ 降压起动时，加在异步电动机端部的电压下降为原来的 $1/\sqrt{3}$，电源提供的起动电流下降为原来的 1/3，电动机的起动转矩也下降为原来的 1/3，适合于电动机空载或轻载起动的场合。自耦变压器降压起动、串阻抗降压起动则可通过对自耦变压器变比或所串阻抗的选择，得到比较合适的降压幅度，以满足电动机带相对较大负载时的起动要求。

在图 4-1（b）所示的主电路中，与图 4-1（a）比较，多了自耦变压器 T 和两个接触器。其他元器件的作用与图 4-1（a）一样，下面仅介绍其起动过程。

起动时由控制电路控制，首先使接触器 KM1 动作，将自耦变压器 T 接成 Y 形。然后使接触器 KM2 动作，异步电动机经过自耦变压器 T 进行降压起动。经过一定的延时时间，电动机的转速升高到一定的数值后，控制电路使 KM1 和 KM2 断电复位（动合触点断开），同时使 KM3 动作闭合，异步电动机端部接额定电压，进行二次起动，直到转速上升到稳定转速为止。

图 4-1（c）所示的主电路，与图 4-1（a）比较，仅多了三相阻抗 Z 和一个接触器。起动时，控制电路首先使接触器 KM1 动作，由电源提供的三相交流电经过阻抗 Z 的分压加到电动机的端部，电动机串阻抗 Z 降压起动。当转速升高到

一定的数值后，控制电路使 KM2 动作，其主触点闭合，短接三相阻抗 Z，异步电动机端部接额定电压，进行二次起动，直到转速上升到稳定转速为止。

图 4-1（d）所示的主电路为 Y-△ 降压起动电路。KM1 和 KM2 闭合时，异步电动机为 Y 连接，电动机一相绕组承受的电压为额定相电压，为额定电压（线电压）的 $1/\sqrt{3}$；当 KM2 断开、KM1 和 KM3 闭合时，异步电动机为 △ 连接，电动机一相绕组承受的电压为额定电压（线电压）。起动时，控制电路首先使接触器 KM1 和 KM2 动作，电动机 Y 连接，降压起动。经过一定的延时时间，电动机的转速升高到一定的数值后，控制电路使 KM2 断开，同时使 KM3 闭合，电动机 △ 连接，异步电动机接额定电压进行二次起动，直到转速上升到稳定转速为止。注意：KM2 和 KM3 之间有虚线连接，虚线上还有一个倒三角符号"▽"，表示 KM2 和 KM3 之间存在"互锁关系"。其含义是 KM2 和 KM3 不能同时闭合，否则三相电源将出现短路。互锁具体说明见下面控制电路的介绍。

降压起动的目的是减小起动电流对电网的影响，但采用降压起动后电动机的起动转矩也变小了，影响了电动机带负载起动的能力。为了既减小电动机起动电流对电网的影响又尽量提高电动机带负载起动的能力，人们采用了各种各样的降压起动方法。应该说明的是，如果电动机的起动对电网的影响很小，鼠笼式异步电动机一般都应采用直接全电压起动。通常是当满足下面的式子时，就可认为电动机的起动对电网的影响很小，鼠笼式异步电动机可采用直接全电压起动。计算公式为

$$\frac{I_{st}}{I_N} \leq \frac{3}{4} + \frac{电源容量(kVA)}{4 \times 电动机额定功率(kW)} \tag{4-1}$$

式中，I_{st} 为电动机的起动电流；I_N 为电动机的额定电流。电源容量是作为电源供电的变压器的容量。式（4-1）是经验公式，应用它需要知道电动机的起动电流倍数。而一般电动机的起动电流倍数为 $I_{st}/I_N = 4 \sim 7$，将其代入式（4-1），可以得到：当电动机的容量小于电源容量的 16% 时，鼠笼式电动机一般可以采用直接起动，当电动机的容量大于电源容量的 31% 时，鼠笼式电动机必须采用降压起动或采用其他方法减小起动电流对电网的影响。而电动机的容量介于电源容量的 16%～31% 时，应该考虑电动机的实际起动电流倍数，即确定是否满足式（4-1）的要求。若满足则可以采用直接起动，否则就应该降压起动。

3. 正反转控制主电路

由异步电动机的工作原理可知，要改变异步电动机的转向，必须而且只需改变异步电动机所接电源的相序，即对调电动机任意两条电源引入线。图 4-1（e）

所示的主电路就是实现异步电动机正转和反转的主电路。当控制电路使 KM1 动作，电动机的三条进线 U、V 和 W 分别与电源的三条相线 L1、L2 和 L3 连接，电动机起动运行。若设此时电动机的转向为正转，当 KM1 断开，而控制电路使 KM2 动作后，则 U、V 和 W 分别与 L3. L2 和 L1 连接，电动机将反向起动并运转。应该注意到：接触器 KM1 和 KM2 之间也有虚线连接和 ▽ 符号，也表示"互锁"关系。若 KM1 和 KM2 动作，其主触点同时闭合，电源的 L1 和 L3 将经过主触点 KM1 和 KM2 的连接形成短路。

　　4. 电气调速控制主电路

　　所谓电气调速，就是改变电动机诸如极对数、电压、频率等参数的方法，实现电动机转速的改变，从而提高电动机的使用性能。绕线式异步电动机的电气调速方法通常只有转子回路串电阻调速，后面第二节的起重设备控制电路将做相关介绍。鼠笼式异步电动机常见的电气调速方法有降压调速、变频调速和变极调速等。其中降压调速和变频调速是将鼠笼式异步电动机接到一个电压可调或频率可调的电源上，通过改变电源的电压或频率实现调速。因此，下面仅对鼠笼式异步电动机变极调速原理及其主电路进行说明。

　　用于变极调速的鼠笼式异步电动机其定子绕组装有两套不同极对数的交流三相绕组，或一套按特殊连接方式构成的可改变磁极对数的交流三相绕组。采用两套绕组的电动机，只要将电源通入不同绕组，就可实现变极调速。而采用一套按特殊绕组的电动机，其一相绕组由两个半相绕组构成，每相绕组有三个抽头，不同的连接方式可得两种不同极对数的交流绕组，如图 4-2 所示。

　　调速绕组有两种变极方案丫-丫丫和△-丫丫。图 4-2（a）为丫-丫丫方案，当三相绕组的 U3、V3、W3 连接在一起，U2、V2、W2 悬空，U1、V1、W1 接三相交流电源时，电动机为丫形连接；当 U3、V3、W3 连接在一起，U2、V2、W2 接三相交流电源，而 U1、V1、W1 短接时，电动机为丫丫形连接（即双星形连接）。若设丫形连接时，电动机的极对数为 2p，则丫丫形连接时电动机的极对数为 p。由电动机工作原理可知，丫-丫丫时极对数减少一半，工作时旋转磁场的转速增加一倍，额定转速也增加接近一倍。从而可实现变极调速。

　　图 4-2（b）为△-丫丫方案，U2、V2、W2 悬空，U1、V1、W1 接三相交流电源时，电动机为△连接；当 U2、V2、W2 接三相交流电源，而 U1、V1、W1 短接时，电动机为丫丫形连接。同样丫丫形连接时极对数比丫形连接时减少一半，而额定转速也增加接近一倍。可以证明在变极前后，丫-丫丫调速时电动机的最大转矩基本不变；△-丫丫调速时电动机允许输出的功率近似不变。因此，丫-丫丫变极调速常称为恒转矩调速，而△-丫丫变极调速则称为恒功率调速。

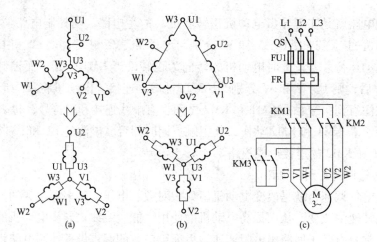

图 4-2　变极调速绕组及其主电路

（a）Y-YY；（b）△-YY；（c）变极调速主电路

图 4-2（c）为变极调速控制常见的主电路，鼠笼式异步电动机由三个接触器 KM1、KM2 和 KM3 控制。当 KM1 闭合、KM2 和 KM3 断开时，电动机定子绕组为Y形连接或△形连接，电动机在低速状态下运行；当 KM1 断开、KM2 和 KM3 闭合时定子绕组为YY形连接，电动机在高速状态下运行。应该注意的是，变极前后电动机的相序应变反，否则变极后电动机将反向转动。

5. 电气制动控制主电路

电气制动（又称为电磁制动）是指通过对电动机进行控制使其产生与转向相反的电磁转矩，从而实现快速停车、快速减速或变加速为等速运行。异步电动机的电气制动有三种：能耗制动、反接制动和回馈制动，能耗制动和反接制动的主电路如图 4-3 所示。

异步电动机的能耗制动是指运行中的电动机断开三相交流电源，并在定子任意两相通入直流励磁电流，此时转子旋转的动能将转化为电能，并消耗在转子绕组回路上。实现能耗制动的主电路如图 4-3（a）所示。图中，接触器 KM1 闭合，异步电动机通入三相交流电正常运行；KM1 断开的同时让另一接触器 KM2 闭合，

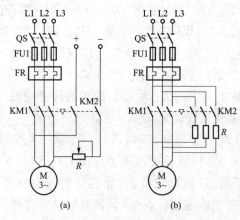

图 4-3　能耗制动和反接制动主电路

（a）能耗制动；（b）反接制动

异步电动机即进入能耗制动，直至转速很低时断开 KM2，能耗制动结束。

异步电动机的反接制动是指转子的转向与三相定子绕组产生的旋转磁场转向相反时，异步电动机产生的电磁转矩与转子转向相反的制动。异步电动机的反接制动有两种：电源反接制动和倒拉反接制动。倒拉反接制动是指绕线式异步电动机带位能性负载时，其转子回路串大电阻，电动机产生的电磁转矩克服不了负载转矩，被负载倒拉着反转的运行状态。电源反接制动则通常只能应用于鼠笼式异步电动机。当电动机运行时，突然改变电源的相序（任意两条电源线对调），异步电动机即进入电源反接制动，其控制的主电路如图 4-3（b）所示。由于反接制动电流很大，为了保护电动机和减小对电网电压的影响，反接制动时一般应在定子回路串入较大的电阻以限制制动电流。应该说明的是，当电源反接制动结束转速为 0 时应及时切断制动电源，否则异步电动机将进入反向起动。

异步电动机的回馈制动是指其转子转速高于定子绕组产生的旋转磁场的转速，此时转子的动能转换成电能回馈给电网。回馈制动时异步电动机处于发电状态，因此又称为发电制动或再生制动。异步电动机的回馈制动一般发生在电气调速从高速往低速调速的过程或带位能性负载反向运行时被负载倒拖下落时，因此，回馈制动一般没有专门控制的主电路。

总之，电力拖动电气图的主电路图读图时，主要应该读懂三点：组成、控制和保护原理。对于其他各种形式的主电路图，若能抓住这三点，也就基本掌握主电路图要求掌握的内容了。

二、异步电动机的控制电路

如上文所述，异步电动机主电路中接触器的主触点是由控制电路控制的，也就是说，控制电路的主要任务之一是控制接触器线圈的通断电。主电路不同，控制电路的结构和复杂程度也会相差很大。而且，即使主电路完全相同，由于使用场合、控制要求等方面不同，控制电路也将有很大的差异。因此，异步电动机的控制电路很难用简单的几种形式概括完。下面仅以几个常见的典型线路为例，分析控制线路的基本控制规律，其他读图则可参考本章第二节的相关介绍。

（一）自锁、互锁和联锁控制

这里所谓的"锁"，其含义较多，应该加于区别。"自锁控制"是"自己保持的控制"；"互锁控制"则是"相互制约的控制"，即"不能同时呈现为工作状态的控制"；"联锁控制"则可以理解为"联合动作"，其实质是"按一定顺序动作的控制"。

1. 自锁（连续）控制与点动控制

图4-4所示的是自锁控制的电路图，图的左边部分就是图4-1（a）的异步电动机直接起动主电路，图的右边部分是自锁控制的控制线路。自锁控制线路的组成有熔断器FU2、热继电器的动断触点FR、停止按钮SB1、起动按钮SB2、接触器KM的线圈和动合辅助触点。

如本书第二章所述，分析控制线路的工作原理（或动作过程）之前，应该先分析主电路，然后再"自上而下，从左向右"分析控制电路。在分析完主电路后，就可以从主电路中寻找接触器主触头的文字符号，并在控制电路中找到相对应的控制环节，从而对控制电路进行分析读图。

图4-4所示电路的主电路在对图4-1（a）的分析中已经介绍过，通过分析可知，接触器是该主电路的唯一控制元件。因此，分析控制电路的任务主要就是分析接触器KM的线圈何时通电，何时断电。具体分析时，通常从"主令电器"开始分析。所谓"主令电器"就是用来发出控制命令的电器，如操作开关、按钮、主令控制器的触点等。由主令电器触点开始分析的优点是控制关系明确，清楚控制信号是从哪里发出的，是怎样发出的。

当按压图4-4控制电路中的起动按钮SB2后，SB2的动合触点闭合。控制线路使KM线圈与电源接通。电源一端通过FU2→FR→SB1和SB2，达到接触器线圈的一端；电源的另一端则直接接到接触器线圈的另一端。根据接触器的原理可知，线圈通电，其触点改变状态；线圈失电，其触点恢复常态。

图4-4中所示接触器KM的触点有两部分，一部分为主电路中连接的三对主触点，另外一部分是与起动按钮SB2并联的一对动合辅助触点。当按下SB2后，接触器KM线圈通电，主电路的三对主触点闭合，异步电动机接通三相交流电源起动并运转。同时，与SB2并联的动合触点闭合，保证在SB2断开后，KM线圈能够继续维持在通电状态。因此，与SB2并联的动合触点KM称为"自锁触点"，图4-4中所示的控制电路称为"自锁控制"或"自保持"电路。松开按钮，SB2断开，但由于自锁触点此时处于闭合状态，线圈KM继续保持通电，电动机继续运转。若要使电动机停止运转，可以按压停止按钮SB1。

按压SB1（断开），线圈KM失电，其所有触点恢复常态：主触点断开，电动机停止运转；与SB2并联的自锁触点恢复常态断开，解除自锁。当松开SB1后，SB1重新闭合，但由于自锁触点已经断开，KM线圈不会重新得电动作，电动机即可确实停止运转。

自锁控制又称为连续控制，它是相对点动控制而言的。所谓"点动控制"是指操作人员"点"一下按钮，电动机就"动"一下；控制按钮松开，电动机就停止转动。若将图 4-4 中与起动按钮并联的 KM 动合触点去掉，则该线路就变成点动控制线路，如图 4-5 所示。

　　在图 4-5 中，按下 SB2，线圈 KM 通电，三对主触点闭合，异步电动机起动。松开按钮，SB2 断开，线圈 KM 失电，三对主触点恢复常态（断开），电动机的三相电源断开，停止运转。从而实现点动控制。点动控制的特点是电动机起动、运转和停止都需要操作人员的参与，主要用于需要对生产机械进行调节的场合，如通过点动按钮，使电机稍微转动，使生产机械作微小移动，实现对生产机械位置微调等。比较图 4-4 和图 4-5，点动控制仅比自锁控制少了一个自锁触点。

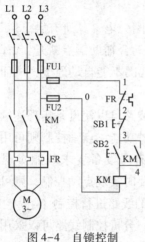

图 4-4　自锁控制

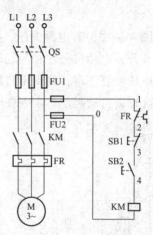

图 4-5　点动控制

　　自锁控制的特点则是起动和停止需要操作人员的参与，电动机运转时操作人员不予参与（手可以不按压按钮），实现电动机的连续运转。自锁控制之所以可实现连续运转，是由于有自锁触点在起作用。自锁触点不仅可以实现连续运行，还可与接触器 KM 线圈（电压线圈）配合，实现"欠压"或"失压"保护的功能。

　　所谓"欠压"是指电源电压不足。由异步电动机的原理可知，电源电压不足时，异步电动机的电流将增大，不仅容易导致电动机过载，还将使电源不堪重负，这就需要欠压保护。一般要求电源电压下降到额定电压的 70% 或以下时，异步电动机的控制电路应能自动断电，从而保证电网和电动机不致过载。欠压保护动作后，若电源电压恢复正常，电动机不应自动起动。这是因为，管理人员此时可能正在检查电动机停止运转的原因，如果此时电源自动恢复正常而电动机自

动起动，将对检修人员的安全构成很大的威胁。而且有些设备的起动是需要一定操作程序的，若电动机自动起动，也可能损坏生产设备。失压保护是指当由于某种原因电源跳闸又重新恢复供电后电动机不应自动起动。电源恢复供电后若电动机自动起动，不仅对人员和设备的安全构成威胁，而且对电网的安全也构成威胁。因为恢复供电后若电动机能够自动重新起动，电动机的起动电流大，所有电动机同时起动也将造成电网严重过载。

　　综上所述，欠压保护和失压保护是指当电源电压严重不足或失压时，电动机能自动停止运行，而且当电源重新恢复正常供电时，电动机必须在操作人员重新按压起动按钮后才能重新起动。欠压保护和失压保护的目的是保护人、设备和电网的安全。

　　在图4-4中，若电源失压，接触器KM的线圈失电，其所有触点恢复常态。主触点断开，电动机停转；与起动钮SB2并联的动合辅助触点断开，解除自锁。若电源电压恢复正常，则由于自锁已解除，KM线圈不能自动通电，从而保证电动机不会重新自动起动，实现失压保护功能。

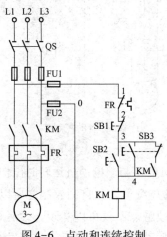

图4-6　点动和连续控制

　　自锁控制线路可以使设备实现连续运行和失压、欠压保护功能，点动控制则可用于对设备进行调试。有时设备要求既能实现自锁控制，又可在需要时实现点动控制，则可以采用如图4-6所示的线路进行控制。

　　如前所述，分析控制线路可以采用经典读图法和逻辑代数读图法等两种分析方法。上面的分析方法为经典读图法，下面用逻辑代数读图法对图4-6所示的线路进行读图。

　　要采用逻辑代数读图法读图，首先应该构造代表所要控制线圈的逻辑函数。图4-4所示只有一个接触器线圈KM，根据前面介绍的逻辑函数构造方法，KM的逻辑函数F（KM）为

$$F(KM) = \overline{FR} \cdot \overline{SB1} \cdot (SB2 + SB3 + \overline{SB3} \cdot KM) \tag{4-2}$$

　　式（4-2）包含两个主令电器的触点（SB2和SB3两个动合触点），就意味着有两种操作。要以该逻辑函数读图，对于初学者而言，不利于保持思路的清晰。因此，可以将它化成两个子函数：连续控制逻辑子函数F(KM)1和点动控制逻辑子函数F(KM)2，即

$$F(KM) = F(KM)1 + F(KM)2$$
$$\left.\begin{array}{l} = \overline{FR} \cdot \overline{SB1} \cdot (SB2 + \overline{SB3} \cdot KM) + \overline{FR} \cdot \overline{SB1} \cdot SB3 \end{array}\right\} \quad (4-3)$$

其中：$F(KM)1 = \overline{FR} \cdot \overline{SB1} \cdot (SB2 + \overline{SB3} \cdot KM)$；$F(KM)2 = \overline{FR} \cdot \overline{SB1} \cdot SB3$。

　　有了这两个逻辑子函数，就可利用它们进行读图。利用逻辑函数读图时，可以先分清函数中每个逻辑变量所代表的意义，然后再将这些逻辑变量代表的意义与逻辑函数结合，就可读出控制电路的功能。

　　对于连续控制逻辑子函数 F（KM）1，其主令电器是 SB2（虽然也有 $\overline{SB3}$，但它所含的意思是 SB3 不动作的意思，所以可不将 SB3 作为该子函数的主令电器），其他逻辑变量所代表的含义前面已经介绍过，在此不作赘述。直接将它们与 F（KM）1 结合，可以读出连续控制时，控制电路的功能如下：

　　当热继电器 FR 未动作（动断触点闭合，$\overline{FR} = 1$），且停止按钮 SB1 未被按压（SB1 = 1），按下起动按钮 SB2（SB2 = 1），或者 SB3 未被按压且辅助触点 KM 已经闭合（点动按钮的动断触点闭合，且接触器 KM 已经通电自锁，$\overline{SB3} \cdot KM = 1$），接触器 KM 线圈得电（其逻辑子函数 F（KM）1 的逻辑值为 1），其所有触点改变状态（动合触点闭合，动断触点断开），主触点闭合使电动机起动运行，辅助触点闭合自锁。若热继电器 FR 动作，或停止按钮 SB1 被按压，或者失压、欠压保护动作（辅助触点 KM 断开），接触器的线圈 KM 失电，所有触点恢复常态，主触点断开，电动机停止运转。

　　同样，可以读出点动操作（按压 SB3）时的控制功能为：当热继电器 FR 未动作（动断触点闭合，$\overline{FR} = 1$），且停止按钮 SB1 未被按压（$\overline{SB1} = 1$），按下起动按钮 SB3（动合触点闭合，SB3 = 1；动断触点断开，$\overline{SB3} \cdot KM = 0$，解除自锁），接触器 KM 线圈得电［其逻辑子函数 F（KM）2 的逻辑值为 1］，主触点闭合使电动机起动运行。由于按钮 SB3 松开时，其动合触点首先断开，动断触点随后闭合，在动合触点 SB3 断开时，逻辑子函数 F（KM）2 的逻辑值为 0，接触器 KM 线圈失电，主触点断开使电动机停止，辅助触点断开解除自锁。所以 SB3 的动断触点闭合时，由于 KM 辅助触点已经断开，自锁功能得不到恢复，接触器线圈继续保持失电状态。也就是说，按压点动按钮 SB3 时，控制电路只能实现点动功能。

　　采用逻辑代数读图，虽然表面看起来比较复杂，然而，其逻辑关系明确，不会因为失漏而出现漏读现象。对于初次接触逻辑函数的读者，可能开始会存在一定的不习惯，但多读几次，总能习惯，而且读多了还会熟能生巧。

　　2. 互锁控制

　　前面介绍图 4-1（e）所示的正反转控制主电路时曾经说过，正转接触器

KM1 和反转接触器 KM2 不能同时动作，否则会造成电源短路。实现正反转功能的控制电路应该采用互锁控制，互锁控制的控制电路如图 4-7 所示。

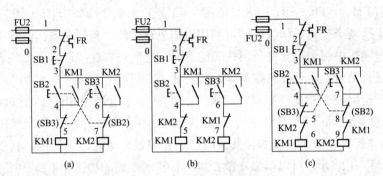

图 4-7 互锁控制电路

(a) 按钮互锁；(b) 接触器互锁；(c) 双重互锁

图 4-7（a）所示为采用按钮互锁的控制电路。一向起动按钮的动断触点串接到另一向起动控制接触器的线圈回路中作为互锁触点，即称为按钮互锁，又称为机械互锁。与图 4-1 说明时的假设一致，KM1 为正转起动控制接触器，KM2 为反转起动控制接触器。

当按压正转起动按钮 SB2 时，其在 KM1 线圈回路中的动合触点闭合，在 KM2 线圈回路中的动断触点断开。不论电动机和接触器原来的状态如何，按压按钮 SB2 后，接触器 KM1 的线圈通电，KM2 的线圈断电。图 4-1 中所示的 KM1 主触点闭合，同时 KM2 的主触点断开，鼠笼式异步电动机正转起动。按钮互锁线路的优点是可以直接实现反转。但若某个接触器（如设 KM1）的主触点熔粘在一起，当按压另一转向的起动按钮（SB3）后，虽然该向的接触器（KM1）线圈失电，但由于主触点熔粘，该向的主触点不能断开。当另一转向的接触器（KM2）主触点闭合时，将会造成电源短路。因此，按钮互锁控制电路的缺点是互锁存在不可靠的隐患。

图 4-7（b）所示为采用接触器互锁的控制电路。一向起动接触器的动断辅助触点串接到另一向起动控制接触器的线圈回路中作为互锁触点，称为接触器互锁，也称为电气互锁。电气互锁的最大不足是不能直接进行反转控制。若设原来 KM1 线圈通电，电动机处于正转运行。此时由于接触器 KM1 已经动作，其与 KM2 线圈串接的动断触点断开，线圈 KM2 不能构成回路（断开）。按压 SB3，接触器 KM2 的线圈不能通电，电动机不能实现直接反转。要使电动机反转，则

首先应该按压停止按钮（SB1），使 KM1 线圈断电，解除互锁，然后再按压 SB3，才能实现反转控制。

如果同样出现接触器的主触点熔粘，由于接触器的主触点与辅助触点的联动关系，串接到 KM1 的动断辅助触点不能闭合，从而保证正反向控制接触器不能通电，因此有较高的可靠性。为了克服电气互锁的操作麻烦和避免机械互锁可靠性存在的隐患，通常可采用"重复互锁"。

所谓重复互锁是指同时具有机械（按钮）互锁和电气（接触器触点）互锁，其控制电路如图 4-7（c）所示。由图 4-7（c）可见，在正向接触器 KM1 的线圈回路中，不仅串接有反向起动按钮的动断触点 SB3，还串接有反向接触器的动断辅助触点 KM2。若设该线路工作在反向运行状态，接触器 KM2 线圈闭合，动合触点闭合、动断触点断开。按压正向起动按钮 SB2 时，其串接在 KM2 线圈回路中的动断触点首先使 KM2 线圈失电，KM2 的主触点断开电动机主回路，串接在 KM1 线圈回路的动断辅助触点闭合（解除电气互锁）。此时由于 SB2 的动合触点闭合，KM1 线圈通电，KM1 的主触点接通电动机主回路使电动机正转。与此同时，与 SB2 并联的动合辅助触点闭合后形成自锁，与 KM2 线圈回路串联的动断辅助触点断开，切断 KM2 线圈回路实现互锁，使 KM2 线圈不能通电。

而若该线路工作在反向运行状态时，反向接触器 KM2 的主触点熔粘，此时无论怎样按压 SB2，KM2 线圈已经失电，但其与 KM1 串联的动断辅助触点不能闭合，正向控制接触器 KM1 的线圈不能得电，从而避免了电源短路。

互锁的目的是避免两个接触器的线圈同时通电，从而避免电源短路的危险。线路的其他功能（如自锁功能、失压保护功能等）与前面自锁控制电路的分析一样，在此就不作赘述了。

3. 联锁控制

联锁控制就是顺序控制，是两个或以上接触器线圈通电动作或断电复位先后顺序的控制。常用于动作顺序有先后要求的控制场合。例如，有些设备要求其他电机工作之前，设备的机油泵必须已经起动且正常运行，否则设备的转动部件将会由于得不到润滑而损坏。这就要求机油泵应该先起动，再允许其他电动机起动。而且要求在所有电动机停止工作之前，机油泵不能停止。实现这些功能的就是联锁控制电路。

联锁控制有先后起动同时停止、先后起动顺序停止（先起动的先停止，后起动的后停止）、先后起动逆序停止（后起动的先停止，先起动的后停止）等几种形式。但不管哪种形式，都是由接触器的辅助触点与线圈和按钮的配合连接来实现的，而且还存在特定的连接规律。

　　先起动接触器的动合辅助触点（即联锁触点）与后起动接触器线圈回路（或起动按钮）串联，可以实现先后起动控制；先停止的接触器动合触点（即联锁触点）与后停止接触器停止控制的按钮的动断触点并联，可实现先后停止控制。图4-8所示为几种联锁控制的控制电路，读者可自行试分析其工作原理。分析时主要掌握：起动时接触器线圈通电，其动合触点闭合、动断触点断开；停止时接触器线圈断电，其动合触点断开、动断触点闭合。这样就能全面分析控制电路的联锁控制。

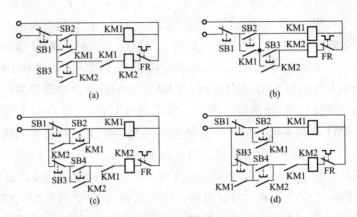

图4-8　联锁控制电路

（a）先后起动，同时停止；（b）自、联锁触点共用的先后起动，同时停止；

（c）先后起动，逆序停止；（d）先后起动，顺序停止

（二）Y-△降压起动线路

　　Y-△降压起动是异步电动机常见的起动方法之一，它所完成的控制功能是：起动时，异步电动机接成Y形并与三相交流电源连接，进行降压起动。经过一定的延时，电机转速上升到一定值后，再将电动机接成△形进行二次起动，直到稳定运行。起动时电动机每相绕组所承受的电压比△形连接时下降为原来的 $1/\sqrt{3}$ ，电源提供给电动机的起动电流却下降为原来的 $1/3$ 。

　　异步电动机采用Y-△降压起动的常见控制电路有三个，如图4-9所示。图4-9（a）和图4-9（b）所示的主电路与图4-1（d）所示的主电路完全一样，都采用三个接触器进行控制。而图4-9（c）所示电路则少了一个接触器，即只用两个接触器进行控制。下面以经典读图法分别分析它们的起动过程，并对每个线路的主要特点进行分析。

　　图4-9（a）所示的电路，异步电动机起动时首先合上电源开关QS，在主电

路中三相交流电到达接触器 KM1 的主触点上方，控制电路也得电。按下起动按钮 SB2，接触器 KM1 的线圈得电，其所有触点改变状态。主触点 KM1 闭合，使三相交流电送到电动机；与起动按钮 SB2 并联的辅助触点 KM1 闭合自锁。与此同时，接触器 KM2 的线圈和时间继电器 KT 的线圈也通电。接触器 KM2 线圈通电后，主触点闭合，将异步电动机接成丫形，电动机开始起动；与接触器线圈 KM3 串联的动断辅助触点（互锁触点）断开，避免接触器 KM3 同时通电。时间继电器 KT 线圈通电后开始延时，在 KT 延时未到的时间里，异步电动机起动、加速。

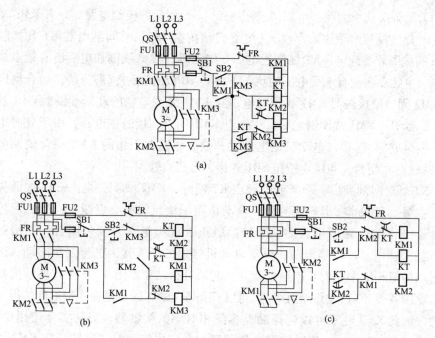

图 4-9　异步电动机丫-△降压起动线路

（a）控制电路一；（b）控制电路二；（c）两个接触器的控制电路

当继电器 KT 延时时间到后，KT 的所有触点改变状态，与 KM2 线圈串联的延时断开动断辅助触点 KT 断开，而串接在 KM3 线圈回路的动合辅助触点 KT 闭合。动断触点 KT 断开后，KM2 线圈断电，主触点断开，使丫形连接的异步电动机定子绕组的中心点断开；KM2 线圈断电后，串接在 KM3 线圈回路的动断辅助触点 KM2 闭合，解除互锁。KM2 闭合后，接触器 KM3 的线圈回路接通，KM3 动作，其所有触点改变状态。KM3 线圈通电后，主触点闭合，电动机接成△形连接，进行二次起动；与 KT 动合触点并联的动合触点闭合自锁；与 KT 和 KM2

线圈串联的动断辅助触点（互锁触点）断开，时间继电器 KT 和接触器 KM2 线圈断电，起动过程结束。

图 4-9（a）所示的 Y-△降压起动电路有一个不足之处，就是 KM2 的主触点是带额定电压闭合的，要求触点的容量较大，而异步电动机正常运行时 KM2 却不工作，会造成一定的浪费。同时，若接触器 KM3 的主触点由于某种原因而熔粘，起动时，异步电动机将不经过 Y 形连接的降压起动，而直接接成△形连接起动，降压起动功能将丧失。因此，相对而言图 4-9（a）所示的线路较不可靠。

为了解决这个问题，可以接成图 4-9（b）所示的控制电路。只有 KM3 动断触点闭合（没有熔粘故障存在），按下起动按钮 SB2，时间继电器 KT 和接触器 KM2 的线圈才能通电。KT 线圈通电后开始延时。KM2 线圈通电后所有触点改变状态。主触点在没有承受电压的状态下将异步电动机接成 Y 形连接；动合辅助触点 KM2 闭合使接触器 KM1 线圈通电；与 KM3 线圈串联的动断辅助触点（互锁触点）断开。KM1 线圈通电后，主触点 KM1 闭合，接通主电路，由于此时电动机已经接成 Y 形连接，电动机通电起动；控制电路左下角的 KM1 动合辅助触点（自锁触点）闭合，与停止按钮 SB1 连接，形成自锁。

KT 延时时间到后，动断辅助触点 KT 断开，KM2 线圈失电。KM2 线圈失电后，主触点 KM2 将 Y 形连接的异步电动机定子绕组的中心点断开，为△形连接做准备；与 KM3 线圈串联的动断辅助触点（互锁触点）复位闭合，使接触器 KM3 线圈通电。KM3 通电后，异步电动机接成△形连接，进行二次起动，同时与起动按钮 SB2 串联的互锁触点断开，起动过程结束。图 4-9（b）所示的控制电路比图 4-9（a）电路相对可靠。且由于 KM2 的主触点是在不带电的情况下闭合的，因此 KM2 经常可以选择触点容量相对小的接触器。但从实际使用中看，若选择触点容量过小，当时间继电器的延时整定也较短时，容易造成 KM2 主触点拉毛刺或损坏，这是实际使用时应该注意的。

对于控制要求相对不高、异步电动机容量相对较小的场合，为了节约也可采用图 4-9（c）所示的控制电路。该控制电路只用两个接触器，实际上是由图 4-9（a）所示电路去掉 KM1 后重新对接触器进行编号而得的。图 4-9（c）所示电路的工作过程留给读者自己分析。

（三）鼠笼式异步电动机的电气调速和制动控制

1. 电气调速控制

图 4-10 所示为双速异步电动机控制原理图，其主电路与图 4-2（c）所示的变极调速控制主电路完全一样，控制电路由三个按钮、三个接触器和一个通电

延时时间继电器组成。SB1 为停止按钮，SB2 为低速运行按钮，SB3 为高速运行按钮。

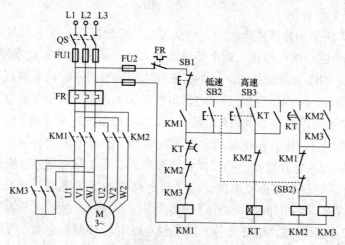

图 4-10　双速异步电动机控制电路

　　按压低速运行按钮 SB2，接触器 KM1 线圈通电自锁，主触点闭合，电动机定子绕组接成Y形或△形，在低速状态下运行。由于 SB2 的动断触点断开 KM2 和 KM3 线圈回路，不论电动机原来处于什么状态，按压 SB2 后，KT、KM2 和 KM3 的线圈都处于断电状态。

　　按压高速运行按钮 SB3 时，SB3 的两个动合触点闭合。第一个动合触点闭合使接触器 KM1 线圈通电自锁，电动机定子绕组接成Y形或△形，低速起动；第二个动合触点闭合，使时间继电器 KT 线圈通电延时。延时时间到，KT 的动断触点断开 KM1 线圈回路，KT 的动合触点使 KM2 和 KM3 线圈通电自锁，电动机定子绕组接成YY形，二次起动并加速到高速状态下运行。如果电动机原来处于低速运行状态，按压 SB3 后同样要等到 KT 延时时间到才能切换到高速运行。

　　图 4-10 所示控制电路可实现的控制功能主要有：① 电动机停止时按压低速起动按钮，电动机低速起动、运行；② 电动机停止时按压高速起动按钮，电动机先进行低速起动，延时后再高速起动、运行；③ 从低速运行切换到高速运行可直接按压 SB3，但要经过 KT 延时后才能进入高速起动、运行；④ 从高速运行切换到低速运行可直接按低速起动按钮 SB2，电动机立即从高速运行切换到低速运行（此时，电动机将经历回馈制动后再进入低速稳定运行）。

　　按压 SB3 后，之所以要先低速起动并经过时间继电器 KT 延时后才能进行高速起动和运行，其目的是避免直接高速起动，从而减小直接高速起动产生的较大

起动电流对电网的影响。时间继电器 KT 的延时时间就是异步电动机低速起动的时间，可根据电动机实际带载情况确定 KT 的延时整定值。

2. 能耗制动控制

图 4-11 所示为异步电动机能耗制动的电气原理图，其主电路与图 4-3（a）一样。控制电路由两个按钮、两个接触器和一个时间继电器等元器件组成。SB1 为停止按钮，SB2 为起动按钮。停止按钮 SB1 有两对触点，动断触点用于异步电动机停止控制，动合触点用于异步电动机能耗制动控制。异步电动机正常运行时接触器 KM2 和时间继电器 KT 的线圈都不工作。按下 SB1 后，SB1 的动断触点断开 KM1 线圈回路，使异步电动机的交流电源断开；SB1 的动合触点闭合，KM2 和 KT 线圈同时通电并自锁。KM2 的线圈通电后，其主触点把经过变压器 T 变压且经过整流器 U 整流的直流电源送给异步电动机的定子绕组，异步电动机进入能耗制动状态。同时时间继电器 KT 开始延时。延时时间到，KT 的延时动断触点断开 KM2 线圈回路。KM2 复位，其主触点断开能耗制动电源，异步电动机停止能耗制动；其动合自锁触点断开，KT 线圈断电。异步电动机所有控制电路停止工作。

读图 4-11 所示能耗制动电气原理图时应该注意：时间继电器 KT 有两对触点，一对是延时断开的动断触点，另一对是瞬时闭合的动合触点。瞬时闭合触点在 KT 线圈通电时立即闭合，延时断开触点则要等到 KT 延时时间到才断开。

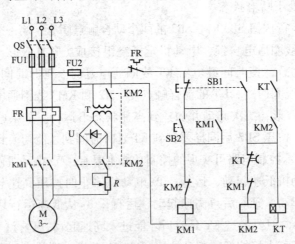

图 4-11　能耗制动电气原理图

此外，读能耗制动电气原理图时还应注意：当断开异步电动机交流电源，并在定子任意两相加上直流电源后，若忽略摩擦转矩，理论上讲异步电动机的能耗制动需要无穷大的时间才能使其转子转速降为零。也就是说，能耗制动到后来的制动转矩很小，而且越来越小。因此，没必要等到转子完全停止转动后才断开制动电源，而应在能耗制动转矩减小到比较小的时候就断开制动电源。因此，能耗制动通常采用时间继电器控制其制动时间（即采用时间原则切除制动电源），这与下面介绍的反接制动是不同的。

3. 电源反接制动控制

图 4-12 所示为异步电动机反接制动的电气原理图。异步电动机的反接制动可分为单向制动和双向制动。图 4-12（a）为单向反接制动电气原理图，其主电路与图 4-3（b）一样。图 4-12（b）为小容量鼠笼式异步电动机双向反接制动电气原理图（由于容量小，可以省略限流电阻），其主电路就是正反转控制主电路，如图 4-1（e）所示。图 4-12（b）正常运行的控制电路与双重互锁的正反转控制电路一样，如图 4-7（c）所示。

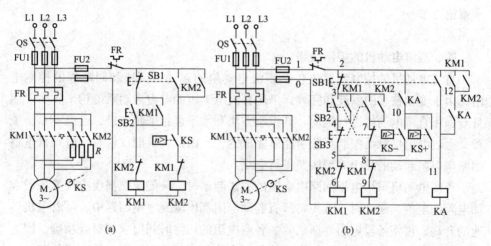

(a)　　　　　　　　　　　　　　　　　(b)

图 4-12　反接制动电气原理图

(a) 单向反接制动；(b) 双向反接制动

无论是单向还是双向制动，反接制动的过程都采用转速继电器 KS 控制，而不是采用时间继电器控制。采用转速继电器控制，可确保转速接近 0 时能够及时切除制动电源，避免反接制动结束后异步电动机自行进入反向起动。

分析图 4-12（a）、（b）所示电路时应注意以下几点：① 只有按下停止按钮 SB1，制动控制回路才起作用；② 转速继电器 KS 的动合触点在异步电动机运行时闭合，当转子转速低于整定值时断开；③ 在图 4-12（a）中，KM1 为运行接触器，KM2 为制动接触器；④ 在图 4-12（b）中，KA 为用于制动的中间继电

器，KM1 为正转接触器，KM2 为反转接触器，KS_ 为 KS 反向转速检测的动合触点（电动机反转时动作，正转时不动作），KS+ 为 KS 正向转速检测的动合触点（电动机正转时动作，反转时不动作）。

知道上述注意点后，就能够比较容易地分析图 4-12 所示的反接制动原理图了。具体的过程和原理，权且作为练习留给读者自行分析。

三、异步电动机的辅助电路

异步电动机的辅助电路主要有两部分：① 工作状态指示和警示电路；② 为异步电动机所拖动的生产机械或设备工作时进行照明的电路。工作状态指示和警示电路一般都是利用接触器的辅助触点，接通指示灯构成的；照明电路则通常采用变压器将电源的线电压（单相交流 380V）降压后，变成（单相）交流 220V 或 36V（安全电压）及以下，然后再提供给照明灯使用。具体的辅助电路参见本章第二节。

四、直流电动机的控制线路

直流电动机的控制线路也包括直流电动机的起动、调速和制动等的控制电路。由于变频技术的发展和完善，采用直流电动机的电力拖动系统越来越少。而且若采用直流电动机进行拖动，其控制方法和水平也越来越先进，已经不是传统意义上的继电接触器控制系统所能够完成的了。因此，下面仅就直流电动机电枢回路串电阻起动的几个典型线路进行介绍。

直流电动机采用电枢回路串电阻的方法起动时，一般要根据要求计算各段起动电阻的阻值。起动时，首先将所有起动电阻都串联到电枢回路中，随着电机转速的升高，再将各段电阻逐渐切除。各段电阻的切除时间要求相对较精确，因为若切除过早，直流电动机电枢电流将超过允许值，切除过晚则会使电机的起动时间延长。为了比较准确地切除起动电阻，通常可以采用三种方法：按时间原则切除、按电流原则切除和按转速原则切除。

1. 按时间原则切除的起动电路

直流电机按时间原则起动的电路图如图 4-13 所示，图中最上面的回路为并励直流电动机的励磁回路，JK 两端的线圈为并励绕组，与并励绕组并联的电阻 R 和二极管 V 支路是作为直流电机电源关闭时励磁绕组的放电支路。励磁回路下面是直流电动机的电枢回路，是主回路。主回路中从左往右依次是过流继电器 FA、接触器 KM1 的主触点、直流电动机 M、两段起动电阻 R1 和 R2 及切除起动电阻用的接触器 KM2 和 KM3 的主触点，还有与 R1 并联的时间继电器 KT2 的线圈。主回路的下面为该直流电动机的控制回路。

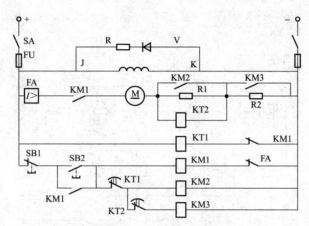

图 4-13　按时间原则起动

将电源开关 SA 合上，励磁回路得电，为电动机提供并励磁场。此时，时间继电器 KT1 线圈通电动作，其断电延时闭合的动断触点断开接触器 KM2 和 KM3 的线圈回路。按下起动按钮 SB2，接触器 KM1 线圈通电。KM1 的主触点接通电枢回路，直流电动机串联起动电阻 R1 和 R2 起动；与起动按钮 SB2 并联的辅助触点闭合自锁；与时间继电器 KT1 线圈串联的 KM1 动断辅助触点断开，KT1 线圈断电，且开始延时。若直流电动机的起动电流小于 FA 的动作电流，则 KM1 线圈维持通电状态，起动继续进行（随着起动时间的延长，起动电流逐渐减小）。此时，由于起动电流在电阻 R1 上产生压降，时间继电器 KT2 的线圈通电动作，其断电延时闭合的动断触点 KT2 断开接触器 KM3 的线圈回路。

当 KT1 延时时间到，其动断触点 KT1 闭合，接通接触器 KM2 的线圈回路（动断触点 KT2 此时处于断开状态）。KM2 线圈通电后，其主触点 KM2 将起动电阻 R1 切除（短接），同时使时间继电器 KT2 的线圈断电开始延时。R1 切除后，起动电流增大，电机进入二次起动。当 KT2 延时时间到，其动断触点 KT2 闭合，接通接触器 KM3 的线圈回路。KM3 的主触点闭合，切除起动电阻 R2，电动机的起动电流再次增大，电机进入三次起动，直到稳定运行。

主电路串联过流继电器的作用主要是过电流保护。当直流电动机起动或运行时，励磁绕组因出现断线故障而失磁时，电枢主回路将流过很大的电流。此时 FA 动作，其动断辅助触点断开，KM1 线圈失电，切断电枢主回路，使直流电动机停止起动或运行，达到过电流保护。若起动电阻设置不当或电动机出现严重过

载，电枢电流也会很大，FA 也将动作，实现过流保护。

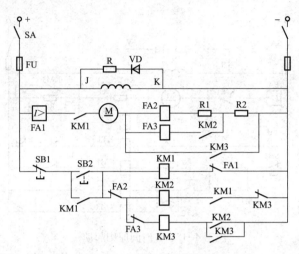

图 4-14　按电流原则起动

2. 按电流原则切除的起动电路

图 4-14 所示的是直流电动机按电流原则切除起动电阻的电路图。起动电阻的切除是根据电流继电器检测电枢回路电流大小，然后通过接触器 KM2 和 KM3 的主触点实现切除的。与图 4-13 所示线路的不同之处还有，电动机正常运行时，图 4-14 所示电路中的接触器 KM2 不工作，只有接触器 KM1 和 KM3 的线圈通电工作。

合上电源开关 SA，按下起动按钮 SB2，接触器 KM1 通电动作。KM1 的主触点使直流电动机串电阻 R1 和 R2 起动，与 KM2 线圈串联的辅助触点 KM1 闭合，为切除电阻做准备。

KM1 动作时，串在主电路中的电流继电器 FA2 线圈和接触器 KM2 的线圈几乎同时通电。但由于电流继电器的线圈匝数少、线径粗、电感系数小，所以动作迅速。因此，虽然 FA2 和 KM2 的线圈同时通电，但 FA2 总是比 KM2 早动作。FA2 动作后，其动断辅助触点断开，使 KM2 线圈失电。这就是所谓的"触点竞争"问题。所谓"触点竞争"是指两个线圈同时通电，一个先动作后，则竞争获胜，就使另外一个线圈断电退出竞争。一般而言，电流线圈与电压线圈竞争，电流线圈将获胜。分析这类线路尤其应该注意这一点。

FA2 动作后，直流电动机串联电阻起动，随着转速的增加，电枢电流将逐渐减小。当电枢电流减小到 FA2 的释放值时，FA2 释放复位，其动断触点 FA2 闭合，使接触器 KM2 的线圈通电。KM2 动作后，主触点闭合，起动电阻 R1 通过电流继电器 FA3 的线圈短接（切除），电枢电流再次增大；同时串联在 KM3 线圈回路的动合辅助触点 KM2 闭合。此时再次出现触点竞争，与前面一样，竞争结果是 FA3 的动断触点断开 KM3 的线圈回路，直流电动机串联电阻 R2 进行二次起动。随着电机转速的进一步增加，电枢电流再次逐渐减小到 FA3 的释放值，FA3 的动断触点闭合，KM3 线圈通电。主触点 KM3 闭合切除主回路中所有的起动电阻；动合辅助触点 KM3 闭合自锁；动断辅助触点 KM3 断开接触器 KM2 的线圈回路。电枢回路的电流再次增大，直流电动机进行第三次起动，直到稳定运行。图中其他元件的作用与图 4-13 所示相同，就不再作分析。

3. 按转速原则切除的起动电路

图 4-15 线路是按转速原则切除起动电阻的直流电动机起动线路。该线路在励磁回路中设有欠电流继电器 FA2，起失磁保护作用。若励磁电流较小，达不到 FA2 的动作值，则与接触器 KM1 串联的 FA2 动合触点不能闭合。KM1 线圈不能通电，电动机不能起动，实现失磁保护。

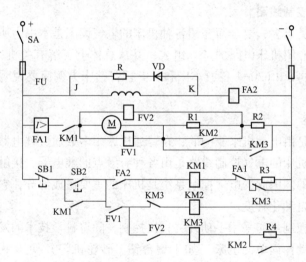

图 4-15　按转速原则起动

该线路读图的难点是要看清如何检测电动机的转速及其检测原理。图中的电压继电器 FV1 和 FV2 用来检测直流电动机电枢两端的电压 U_a。由于直流电动机电枢绕组的电阻很小，电枢端电压约等于电枢电势 E_a。而根据电枢电势的公式，$E_a \propto n$，即电枢电势正比于电动机的转速 n。转速的大小直接反映在电枢电势上。因此，虽然 FV1 和 FV2 是电压继电器，但在此却可用来检测直流电动机的转速，相当于转速继电器的功能。

图 4-15 中所示 R3 和 R4 分别是接触器 KM1 和 KM3 线圈的经济电阻，在线圈通电后串入线圈回路，起限制线圈电流、延长线圈寿命的作用。其他元件功能及线路的起动过程与前面介绍的线路基本相似，留给读者自行分析。

第二节 电气控制线路图读图

上一节介绍的电路图都是经过修改，为了突出重点、方便介绍的电路图，实际的电路图比上面介绍的电路图要复杂得多。本节就是在上面介绍电路图的基础上，进一步介绍实际电路图的读图。在电气工程中，电气设备的种类很多，其控制电路的组成结构和工作原理相差很大，本节仅以常见的车床控制线路和起重设备控制线路为例进行介绍。

一、机床控制线路

机床的种类繁多，要全面介绍各种机床的电气读图是本书力所不能及的。因此，下面首先介绍机床电路的基本组成，并从总体上了解有关机床的共同特点，在了解机床后再以 C620-1 普通车床和 Z35 摇臂钻床为例简要说明机床线路图的识读。

（一）概述

机床一般是由电动机来驱动的，在普通机床中多数通过继电器、接触器系统来控制。这种机床的电气控制线路是由各种有触点的继电器、接触器、按钮、开关等元件组成的。因此，电气控制系统是机床的重要组成部分，它直接关系着机床的先进性和自动化程度。

机床电气控制最初采用手动开关直接控制，随着科学技术的发展，后来除了少数容量小、动作简单的机床（如小型台钻、砂轮机等）使用手动开关直接控制外，其他则大多通过继电器、接触器、交磁放大机以及各种半导体器件进行控制。随着现代机床的发展，广泛采用液压、气动、电器、电子等先进技术，运用机、电、液密切配合的方法实现机床的自动循环工作。尤其是数字机床的出现使机床电气控制达到一个新的水平，大大提高了机床的加工精度、生产效率和自动化程度，并对机床的结构和加工方式产生了深刻的影响。

机床电气控制系统的主要功能是控制电动机的起动、制动、反转、调速以及其他电气执行元件的通电或断电，从而控制机床的工作状态，使机床按照要求进行工作。机床的电气线路一般可分为主电路和辅助电路两个部分。机床的主电路是电气线路中相对较大电流通过的部分，通常是从电源开关、接触器主触点、熔断器、热继电器发热元件到电动机。主电路的结构一般包括：主轴运动、进给、润滑、冷却泵电机及电磁铁的供电电路；主运动的方向转换电路（即正反转切换电路）；主电路的测量与保护电路。机床的辅助电路是相对较小的电流通过的电路，主要包括：控制线路，照明信号线路及保护线路，继电器、接触器的线圈，继电器的触点，接触器的辅助触点，按钮，照明灯，照明变压器以及其他电气元件等。控制电路主要包括：各种基本控制线路、实现自动工作循环的自动控制线路（如时间控制、速度控制、行程控制、电流控制、步进控制等）。

　　机床的电气图样主要有电气原理图和电气设备安装接线图。电气原理图一般是由主辅两部分电路图组成，用以表示该机床的电力传动和电气控制系统的工作原理。如第一章所介绍的那样，原理图一般只画出与系统有关的元件和导线，其中母线、干线及主电路导线和元件用粗实线画在图的左侧或上方，而控制线路则用细实线画在图的右侧或下方。机床的电气设备安装接线图与前面各章节介绍的安装接线图没有什么区别，是为电气设备的安装、接线和维修服务的。因此，本节不拟介绍机床的电气安装接线图。

　　阅读一般机床和机械装置控制线路图的基本方法是：详细研究设备说明书，了解设备的结构、动作及操作方法，了解接触器、继电器、开关、按钮的安装位置及作用；对于电子控制电路或测量电路，应搞清楚其输入、输出控制信号及作用；搞清楚设备动作程序，根据设备动作程序，结合设备结构识读电路图。读图的顺序如第二章第三节介绍的那样，先读主电路，后读辅助电路。看主电路时应看由几台电动机组成，各有什么特点，例如是否有正反转、制动、变速等控制，再根据这些特点去分析控制电路。最后看指示、保护及照明等辅助电路。读控制电路时要把它们划分成若干部分来读，逐步分析。看比较复杂的电路时，还可以先找出其中的典型电路进行分析，然后再分析它们在整个电路中的作用。

　　此外，在阅读机床电气原理图以前，要求对机床运动的特点有所了解，尤其是对于机、电、液配合密切的能自动循环的机床更是如此。如果只凭电气原理图是不能看懂其控制原理的，只有在弄清有关的机械传动及液压传动后，才能了解电气控制线路的全部工作原理。

　　（二）C620-1 车床线路

　　C620-1 车床属于普通车床，是金属切削机床中最简单的机床之一，在金属加工中使用量较大，其电气线路原理图如图 4-16 所示。

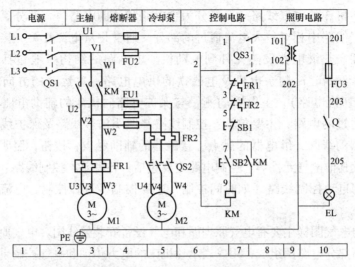

图 4-16   C620-1 车床电路图

由图 4-16 可见，C620-1 车床电路包括主电路（主轴、熔断器、冷却泵）、控制电路和辅助电路（照明电路）三部分。

根据前面介绍的读图步骤，首先读主电路。主电路通过电源开关 QS1 与三相交流电源 L1、L2 和 L3 连接。主电路包括主轴电动机 M1 和冷却泵电动机 M2，两台电动机都是直接（全压）起动，都由接触器 KM 的主触点控制，且都设有热继电器作为过载保护。主轴电机一般由配电断路器（图中未标出）提供短路保护，因此从主电路看不到主轴电机的短路保护。冷却泵电机只有 125W，不能由配电断路器提供短路保护，因此另设 FU1 作为冷却泵电机的短路保护。而且冷却泵只在切削加工、进行进给操作时才需要提供冷却液，因此另设一个转换开关 QS2 进行手动控制。

C620-1 车床的控制电路很简单，只有一个支路，实际就是前面介绍的自锁控制电路。按下起动按钮，接触器 KM 线圈通电自锁，主轴电动机起动运转；按下停止按钮 SB1，接触器线圈失电，主轴电机停止转动。在主轴电机运转时，通过操作转换开关 QS2 可以控制冷却泵的工作。控制电路的电流较小，也需要单独设置短路保护（熔断器 FU2）。C620-1 车床的辅助电路也很简单，只有照明电路。工作照明灯 EL 采用安全照明灯，由 QS3 接通或断开变压器 T 提供安全电压。照明灯由开关 Q 进行手动控制，并设熔断器 FU3 作为其短路保护。

图 4-16 上下各一栏图幅分区（参见第一章第三节），上面的图幅分区为用途区，用于说明分区内电路的用途；下面的图幅分区为数字区，可作为查找元件

的索引用。由上面的分析可知，C620-1 车床的电气线路很简单，下面将介绍一个相对复杂些的机床线路。

（三）Z35 摇臂钻床线路

1. 组成结构

摇臂钻床由底座、立柱、摇臂、主轴箱、主轴、工作台等组成，如图 4-17 所示。立柱分内外立柱两部分，内立柱固定在底座上，在其外面套着空芯的外立柱，外立柱可以绕着内立柱回转 360°。加工时可通过电动夹紧机构将外立柱固定在内立柱上，电动夹紧机构由一台可双向转动的电动机驱动。

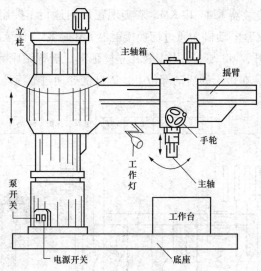

图 4-17　摇臂钻床结构示意图

主轴箱装有主轴部件以及主轴旋转的全部变速和操作机构，可通过操作手轮沿着摇臂上的水平导轨做径向移动。需要水平移动时应放松主轴箱的手动夹紧机构移动主轴箱，移动到位后，再通过手动夹紧机构将主轴箱紧固在摇臂导轨上。主轴电动机只能单向转动，加工螺纹需要主轴正反转时，可操作双向片式摩擦离合器来满足正反转的要求。

摇臂一端的套筒部分与外立柱之间可以上下移动但不能相对转动。摇臂上下移动（即上升、下降）由摇臂电动机拖动。借助于丝杆，摇臂可沿着外立柱上下移动。摇臂套筒与外立柱之间不能作相对转动，摇臂需要回转时，可操作立柱电动夹紧机构放松，然后人为移动摇臂，使摇臂与外立柱一起作相对内立柱的回转，回转到位后再操作立柱电动夹紧机构进行固定。

为了在工作时对钻头和工件进行冷却，Z35 摇臂钻床还配备一台冷却液泵，由

冷却液泵电动机拖动，冷却液泵电动机只需要单向转动即可。通过上面的分析可知，摇臂钻床需要四台电动机进行拖动，下面就来介绍 Z35 摇臂钻床的电气读图。

　　2. Z35 摇臂钻床电路图

　　Z35 摇臂钻床的电路如图 4-18 所示。它分为主电路、控制电路和照明电路三部分。首先看其主电路。主电路主要由 4 台电动机组成：M1 为冷却泵电机，带动冷却泵输送冷却液，只需要单方向旋转，由转换开关 QS2 直接控制；主轴电动机 M2 由接触器 KM1 控制，M2 装在主轴箱顶部，使主轴单方向旋转，主轴电动机带着钻头的旋转运动是摇臂钻床的主运动；电动机 M3 是摇臂升降电动机，通过按钮 SB1 和 SB2，切换接触器 KM4 和 KM5 来实现正反向运行，控制摇臂上升或下降；电动机 M4 是立柱夹紧电动机，通过切换接触器 KM2、KM3 来实现正反转，控制内外立柱的夹紧与松开，M3 与 M4 均安装在立柱顶部。摇臂钻床除冷却泵电动机外，其他三台电动机都装在机床的活动部位上，因此需要通过汇流环供电。

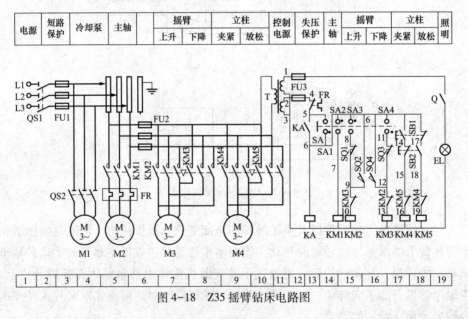

图 4-18　Z35 摇臂钻床电路图

　　看完主电路后，就可看控制电路了。Z35 摇臂钻床的控制电路主要控制三台电动机，即主轴电动机 M2、摇臂升降电动机 M3 和立柱松紧电动机 M4。冷却液泵电动机 M1 只要操作转换开关 QS2 就可直接进行手动控制。将主电路中的电源开关 QS1 闭合，通过电源变压器 T 变压，向控制电路和辅助（照明）电路提供电源。

　　控制电路有了电源后，就可操作十字开关 SA 进行控制。SA 是摇臂钻床操作控制的主要器件。SA 的手柄有五挡（上、下、左、右和中间），有四对触点

（SA1、SA2、SA3 和 SA4）。手柄在各挡时触点的状态及钻床的工作状态见表 4-1 的说明。

表 4-1　　　　　　　　　　十 字 开 关 操 作 说 明

手柄位置	实物位置	微动开关接通的触点	控制电路工作状态
左		SA1 通	KA 线圈得电
右		SA2 通	KM1 线圈得电，主轴旋转
上		SA3 通	KM2 线圈得电，摇臂上升
下		SA4 通	KM3 线圈得电，摇臂下降
中		—	控制电路断电

　　接通电源后，十字开关 SA 应该处在左位。此时十字开关的 SA1 触点接通，KA 线圈通电，其与 SA1 并联的动合触点闭合自锁。只有 KA 线圈通电自锁，操作十字开关才能进行其他控制。这样的设置称为零压保护，其目的是防止 SA 处于其他位置工作时电源跳闸，当电源恢复供电后造成误动作而危及人员和设备的安全。KA 是零压保护的主要元件，是一个电压继电器，由于它完成失压保护的功能，因此称之为零压继电器。

　　KA 自锁后，将 SA 扳到右位，接触器 KM1 线圈通电，主轴电机 M2 运转，可以实现切削和进给（钻头向下移动）工作。主轴的旋转（切削）和进给是通过主轴箱内的传动与变速机构同时实现的。将 SA 扳到其他位置，接触器 KM1 线圈断电，主轴电机 M2 停止运转，切削和进给工作停止。

　　将 SA 扳到上位或下位，摇臂将上升或下降。由于主轴工作时摇臂套筒与外立柱要求处于夹紧状态，要升降摇臂首先应该使夹紧机构放松。摇臂升降到位后，还得使夹紧机构重新夹紧，主轴才能工作。摇臂升降与摇臂的夹紧机构的松紧过程是采用电气和机械机构配合自动进行的，摇臂夹紧机构示意图如图 4-19 所示。

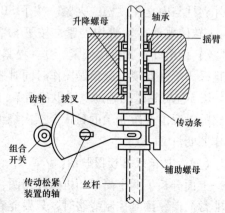

图 4-19　摇臂夹紧机构

在图 4-18 中，SQ1、SQ2、SQ3 和 SQ4 是四个行程开关的触点，立柱夹紧后，SQ3 和 SQ4 断开。摇臂不在上下极限位置时，SQ1 和 SQ2 闭合。当 SA 扳到上位，SA3 闭合时，接触器线圈 KM2 通电，摇臂升降电动机 M3 正转起动运行。M3 起动时，摇臂并不马上上升，而是如图 4-19 中所示的辅助螺母先转动上升。辅助螺母上升时，拨叉使松紧机构的轴随之逆时针方向转动，使夹紧机构放松。夹紧机构放松后，行程开关触点 SQ4 闭合，由于 KM2 和 KM3 之间采用电气互锁，SQ4 闭合并不能使 KM3 线圈通电。SQ4 的闭合只为上升到位后，使夹紧机构的夹紧做准备。同时辅助螺母通过传动条使升降螺母起作用，升降螺母在丝杆的驱动下带动摇臂上升。摇臂上升达到要求后，将十字开关 SA 的操作手柄扳到中间位置，触点 SA1~SA4 全部断开，KM2 线圈断电，M3 停止转动，摇臂停止上升。而此时由于 SQ4 闭合，KM2 线圈断电后串接在 KM3 线圈的动断触点复位，解除互锁，接触器 KM3 的线圈得电，摇臂升降电动机 M3 反向起动运转。同样是升降螺母不动，而辅助螺母反转下移。辅助螺母下移时通过拨叉的顺时针转动使夹紧机构夹紧，夹紧机构夹紧后（拨叉位于正中间位置），SQ4 断开，KM3 失电，M3 停止转动，摇臂上升过程结束。

如果将十字开关 SA 的操作手柄扳到下位时，摇臂将下降。摇臂下降过程与上升类似。首先是辅助螺母转动，拨叉的顺时针转动，偏离正中间位置，夹紧机构放松。同时行程开关触点 SQ2 闭合，为夹紧做准备。夹紧机构放松后，通过传动条使升降螺母起作用，带动摇臂下降。为了防止摇臂升降过程中十字开关失效或操作失误，将 SQ1 和 SQ2 分别串入 KM2 和 KM3 线圈回路，作为上下极限限位。其中 SQ1 为上极限限位，SQ2 为下极限限位。

如果要使摇臂水平转动，则应该通过按钮 SB1 和 SB2 操作电动夹紧机构，使外立柱与内立柱放松或夹紧。按下 SB1，接触器 KM4 得电，立柱松紧电动机 M4 正转使电动夹紧机构夹紧；按下 SB2，接触器 KM5 得电，立柱松紧电动机 M4 反转使电动夹紧机构松紧。立柱松紧电动机 M4 的正反转控制都为点动控制，而且采用电气互锁，避免误操作时同时按下 SB1 和 SB2。

Z35 摇臂钻床的辅助电路也很简单，只有工作照明，没有其他指示灯。辅助电路的电源由变压器 T 的另一个二次绕组供电。工作需要时只要将开关 Q 闭合，工作照明灯 EL 点亮。

（四）机床线路读图归纳

上面分析了两个简单的机床线路图，由上面的分析可见 C620-1 普通车床线路非常简单，读其控制线路时，只要能看出自锁回路，就没什么难的。而 Z35 摇臂钻床线路相对就比 C620-1 复杂一点。Z35 摇臂钻床线路之所以复杂，关键在摇臂升降控制上。要读懂它，就得知道其结构原理。结构原理知道后，摇臂升降控制也就变得简单了。

机床的种类很多，有十二大类，每大类又可分为十种不同的型。因此要完全掌握机床电气图的阅读方法和技巧，还得依靠读者在实际电气工程实践中不断摸索提高。尤其是随着科学技术的发展，数控机床的应用越来越多。而数控机床的读图肯定比 C620-1 和 Z35 的读图复杂很多。这就需要在读图时充分了解熟悉其他相关系统的结构，掌握与之对应的理论知识。掌握这些知识后，读图的方法总是先看主电路，然后看控制电路和辅助电路。对于复杂的系统，则可分成若干个子系统，一个一个分别读懂。就如 Z35 摇臂钻床有四台电机，合在一起读很容易造成混乱，分开读则比较容易读懂。鉴于数控机床的许多知识已经超出继电接触器控制范畴，也鉴于本书的篇幅所限，其他机床的电气读图有待于读者参考其他有关书籍或自己在实践中不断提高。

二、起重设备控制线路

电动起重机械一般指室内天车、室外龙门吊和塔吊等大型起重设备及电动葫芦、卷扬机、建筑用电梯等起重设备。电动起重机械的电气线路有的较简单，有的很复杂。电气线路的复杂程度与起重机械的吨位、控制与保护要求及安装环境等有关系。

下面以电动葫芦控制线路和工厂常用的桥式起重机的控制线路为例进行介绍。

（一）电动葫芦控制线路

电动葫芦是一种起重量较小、结构简单的起重机械，一般安装在直线或曲线工字梁的轨道上，用以起升和运输重物。电动葫芦由提升机构（吊钩）和移动设备（行车）两部分组成，用两台鼠笼式异步电动机拖动，其电气图如图 4-20 所示。

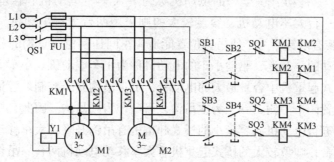

图 4-20　电动葫芦电气原理图

从图 4-20 中可以看出在主电路中有两台鼠笼式异步电动机 M1 和 M2。其中 M1 是用来提升货物的，采用电磁抱闸 Y1 制动；M2 是带动电动葫芦作水平移动搬运货物的。M1 和 M2 分别由接触器 KM1、KM2 和 KM3、KM4 进行正反转控制，从而实现吊钩提升、放下和水平移动。主电路由熔断器 FU1 作短路保护，并经开关 QS1 与三相电源连接。

辅助电路电源由 L1、L2 接出。整个辅助电路分成升降控制和移动控制两个环节。每个环节均由两条支路构成，以实现对 M1 和 M2 的正反转控制。SB1、SB2、SB3、SB4 是悬挂式复合按钮，其优点是当操作人员离开而释放按钮盒时，电动葫芦就自动断电停止工作而被制动电磁铁 Y1 制动，以避免发生事故。同时复合按钮可以互锁，以防止误操作。SQ1、SQ2、SQ3 是限位开关，用于提升和移动机构的末端保护。

电动葫芦的操作过程为：按下 SB1 时，KM1 得电动作，Y1 松开，M1 起动提升货物；松开 SB1 时，KM1 断电释放，M1 在 Y1 的制动下快速停车。SQ5 装在提升顶点位置，以在提升机构到达极限高度时切断电源。按下 SB2 时，KM2 得电动作，Y1 松开，M1 反向起动，放下货物；松开 SB2 时，M1 在 Y1 制动下快速停车，吊钩停止下放。按下 SB3 时，KM3 得电动作，M2 起动，电动葫芦前行；松开 SB3 时，M2 停转，电动葫芦停止前行。按下 SB4 时，KM4 得电动作，M2 起动反转，电动葫芦后退；松开 SB4 时，M2 停转，电动葫芦停止后退。SQ6 和 SQ7 安装在电动葫芦前后移动行程的极限位置，作为移动的末端保护，以防止电动葫芦在移动时超越行程造成事故。

(二) 桥式起重机控制电路

1. 概述

桥式起重机之所以称为"桥式"，是由于其外形像一座桥，如图 4-21 所示。这座"桥"一般安装在车间两面较长墙上的导轨上。"桥"可在导轨上行走，又称为"桥车"。拖动"桥车"的电动机称为"大车"电动机。容量较小的桥式起重机只有一台大车电动机，容量较大的则采用两台大车电动机。在起重机的"桥"上安装有吊钩，为了使吊钩位置能适应车间任何位置重物的起吊，吊钩一般装在可移动的小车上，驱动小车的电动机称为小车电动机。小车上安装的吊钩电动机是桥式起重机中容量最大的电动机，负责吊钩升降控制。容量较大的桥式起重机可设置两个吊钩，一个为主吊钩，另一个为副吊钩。因此，一般桥式起重机有三台到五台电动机。容量小的桥式起重机有吊钩升降、大车移动和小车移动电动机各一台；吨位较大的桥式起重机有大车移动电动机两台、吊钩升降电动机两台和小车移动电动机一台。

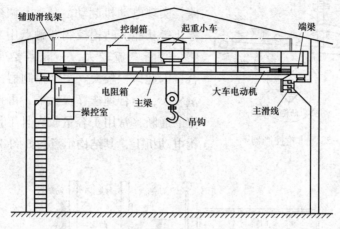

图 4-21　桥式起重机

　　桥式起重机的电动机一般要求能够以额定转矩起吊，而且要求能够调速。因此，普通鼠笼式异步电动机不能适应桥式起重机的要求（普通鼠笼式异步电动机的起动转矩相对较小，起动冲击电流相对较大，而且在变频器广泛使用之前难于实现调速）。因此，工厂车间用的传统桥式起重机大都采用绕线式异步电动机进行拖动。采用绕线式异步电动机作为桥式起重机拖动电动机，可以采用转子绕组串电阻的方法进行调速，而且调速电阻与起动电阻可以合用。也有的桥式起重机采用变极调速（即多速）异步电动机进行拖动。采用多速异步电动机的优点是相对比较节能，而且可以实现回馈制动，将重物的位能转换为电能回馈给电网。但多速异步电动机一般只能实现高、中、低三种转速调节，有时难以满足对转速的要求。采用绕线式异步电动机的优点是可以设置多种挡位的转速调节（一般单向设置五个挡位，正反转加上零位可达 11 挡），但绕线式异步电动机的调速电阻耗能较大。

　　桥式起重机实际操作时，操作人员需要同时对大车电动机、小车电动机和吊钩电动机进行操作控制，而且每个控制还要求有多个不同转速调节控制。为了减轻操作人员的操作强度，桥式起重机一般采用带有明显挡位的手柄进行操作，通过控制器实现对所有电动机的起、停和转速调节的控制。能够适应这种要求的控制器，主要有"凸轮控制器"和"主令控制器"。

　　所谓"凸轮控制器"是电动起重机械中控制电动机起动、调速、停止、正反运行的专用装置，它是通过凸轮的转动而带动触点的闭合与打开，从而完成接通电源或短接电阻的功能，其结构示意图如图 4-22 所示。所谓"主令控制器"是在凸轮控制器的基础上发展起来的。它是用容量很小的类似凸轮的触点去控制

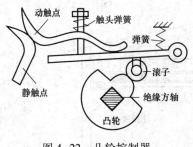

图 4-22　凸轮控制器

接触器，而用接触器触点控制电动机主电路，实现电动机起动、制动、调速、反转和停止等功能。凸轮控制器触点用来通断主回路，通断电流较大，一般需要灭弧装置配合，因此体积较大。主令控制器虽然触点容量较小，但合理选择接触器，可控制很大电流的通断，常用于容量较大且工作频繁的主钩电动机上，其结构示意图如图 4-23 所示。

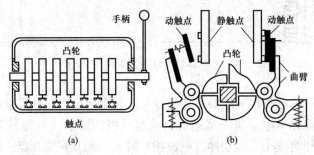

图 4-23　主令控制器
（a）结构示意图；（b）凸轮与触点

　　桥式起重机起吊重物在车间中行走，因此安全保护方面相当重要。这在桥式起重机电气图的阅读时是应该加以注意和掌握的读图内容。桥式起重机不仅设有上升限位、前后左右移动限位，还设置有操作室门或顶盖等出入口的保护等。

　　2. 凸轮控制器控制

　　如上所述，整个起重机系统至少有三台电动机，电气读图时，可在了解总体电气情况后，先阅读每个电动机的电路图，然后再阅读整个系统的所有电气图。各电机工作原理搞清楚后，整个桥式起重机的读图也就不存在什么问题了。

　　桥式起重机的大、小车电机一般采用凸轮控制器控制，小型桥式起重机的吊钩电动机也可采用凸轮控制器控制。图 4-24 所示是采用 KT14-25J/1 或 KT14-60J/1型凸轮控制器直接控制起重机大、小车起停、正反转、调速与制动的电路图。KT14-25J/1 和 KT14-60J/1 型凸轮控制器都有 12 对触点，其中主触点九对，辅助触点三对。

　　读图时仍然按照前面所介绍的电路图读图步骤进行，首先看主电路。图4-24所示的主电路采用粗实线绘制，三相交流电源经过电源开关 QS、接触器的主触

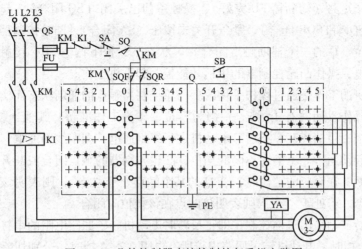

图 4-24　凸轮控制器直接控制的起重机电路图

点 KM、过电流继电器 KI，然后 L1 和 L3 两条线经过凸轮控制器 Q。从凸轮控制器出来的两条线与 L2 一起，向刹车线圈 YA 和绕线式异步电动机的三相定子绕组供电。绕线式异步电动机的三相转子绕组由集电环和电刷引出，串接三相不对称电阻。

　　凸轮控制器对主电路的控制作用有两个方面，一方面是正反转切换（通过换接 L1 和 L3，使三相电源的相序变反）；另一方面是切除电动机转子回路的三相不对称电阻。由于凸轮控制器的主触点占凸轮控制器成本的比例较高，因而一般主触点有限。因此，采用凸轮控制器进行正反转切换的电路，一般只通断两条线，这也是凸轮控制器控制的特点之一。电动机转子回路采用三相不对称电阻，也是考虑节约凸轮控制器的主触点。

　　主电路中过流继电器 KI 的作用可兼作短路保护和过载保护。绕线式异步电动机的转子绕组一般耐冲击和耐热性能都比鼠笼式异步电动机差，因此一般只采用过流继电器而不是采用热继电器作为过载保护。

　　分析完主电路后，再来看控制电路。在图 4-24 所示的控制电路中，各种保护都是通过接触器 KM 起作用的。这些保护主要有主电路的过流保护（KI）、控制电路的短路保护（FU）、零位保护（KM 的两个辅助触点与 Q 的三个辅助触点）、失压欠压保护（KM 线圈及其两个辅助动合触点）、限位保护（两个行程开关 SQF 和 SQR）。此外，为了确保操作人员的安全，避免起重机工作时操控室门未关闭，设置限位开关 SQ 联锁（门关闭则 SQ 闭合）；为了在紧急情况下停止起重机，设置有紧急开关 SA。只有在主电路没有过流（KI 的动断触点闭合）、

控制电路未短路（熔断器 FU 完好）、操控室门已关闭（SQ 闭合）、起重机未到达限位（SQF 和 SQR 闭合）、紧急开关未按压（SA 闭合）、凸轮控制器的操作手柄处于零位（Q 的三个辅助触点闭合）等状态下，按下按钮 SB，接触器 KM 的线圈才通电，操作凸轮控制器的手柄才能控制起重机工作。

　　起重机的工作是通过操作手柄改变凸轮控制器触点的通断状态而实现的。凸轮控制器操作手柄共有 11 挡。一挡为零位，作为工作准备；其他十挡为正转、反转各五挡。手柄离开零挡后，电动机定子绕组通电，刹车线圈通电，允许电动机正反转起动运行。手柄在不同的挡位，凸轮控制器的触点闭合或断开可通过图中符号判断：在对应的挡位时，若 Q 的某个触点处于"✛"，则表明该触点在该挡位时断开，若处于"✦"则表明该触点在该挡位时闭合。

　　正反转控制采用对称控制，即正反转时电动机转子回路电阻的串接或切除完全一样。1 挡时，电动机转子回路串接所有电阻；2~4 挡时，分别切除不同的电阻；5 挡时回路的所有电阻都被切除。由绕线式异步电动机转子回路串电阻调速原理可知，转子回路串联不同的电阻，电动机产生的电磁转矩大小不同，因此就可运行在不同的转速，从而实现调速。对于大、小车电动机控制而言，不论是正转还是反转，1 挡为低速挡，挡位越高，转速也越高。但对于小型起重机的吊钩电动机而言，下放重物时电动机在重物的拖动下处于回馈制动（或称为再生制动）状态。此时，转子回路所串电阻越大，则重物下落的速度越快。因此，实际操作时要求操作人员注意，下放重物时应该直接将手柄推向第五挡以降低重物下落的速度。

　　为了避免吊钩电动机在操作上遇到这样的麻烦，同时也为了保证重物下放的安全，一般容量较大的桥式起重机，其吊钩控制都采用主令控制器进行控制。

　　3. 主令控制器控制

　　图 4-25 所示是采用主令控制器控制的起重机电路图，通常用来控制起重机的吊钩电动机。其主电路与凸轮控制器的主电路相似，所不同的是刹车线圈 YA 采用刹车接触器 KMB 控制，电机转子回路的电阻采用对称连接。

　　控制电路有一个零压继电器 KV，具有零位保护等功能。还有九个接触器：KMU 为上升接触器，KMD 为下降接触器，KMB 为刹车接触器，KM1~KM6 为速度接触器，分别用来短接绕线式异步电动机转子回路的电阻。

　　主令控制器有 12 对触点，分别为 SA-1~SA-12，其手柄分 13 挡：零位一挡（0 挡），上升六挡（1~6 挡），下降六挡（1~5 挡和 C 挡）。在图中主令控制器的挡位采用虚线表示，手柄处于各挡位时，若其触点接通，则在该触点的对应挡位线下面用小黑点"●"表示，没有小黑点则表示在该挡位时该触点断开。

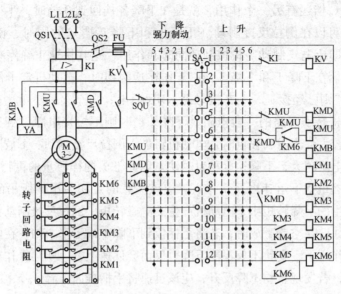

图 4-25 主令控制器的起重机电路图

　　起重机工作时，首先将主令控制器手柄扳到 0 挡，SA-1 触点接通，零压继电器得电自锁。将手柄扳向上升 1~6 挡，SA-3、SA-4 和 SA-6 保持接通，上升接触器 KMU 和刹车接触器 KMB 接通，使刹车打开，异步电动机正转。在上升 1~6 挡中，速度接触器 KM1~KM6 分别得电，切除电机转子回路串接的电阻，使电机分别在不同的转速下运行。挡位越高，转子回路串接的电阻越少，异步电动机的转速也就越高。应该注意的是，从上升三挡起，只有前一挡的接触器线圈通电后，该挡接触器才能通过电。采用这种设置是为了避免起动时转子回路电阻切除过快，使绕线式异步电动机的电流冲击过大。

　　主令控制器控制线路读图的难点在手柄处于下降各挡时，要求对绕线式异步电动机转子回路串电阻调速的原理有比较全面的理解。下降的六挡中，有三挡为制动挡（C、1 和 2），还有三挡为强力挡（3、4 和 5）。下降的六挡有三种工作情况，下面分别进行介绍。

　　（1）手柄在下降 C 挡。起重机工作在 C 挡，将使重物稳定停于空中或在空中作平移运动。主令手柄位于下降 C 挡时，由图 4-25 可见，主令触点 SA-3、SA-6、SA-7 和 SA-8 闭合。KMU、KM1 和 KM2 动作，电动机定子正向通电，转子短接两段电阻，产生提升的电磁转矩。但此时 SA-4 断开，KMB 不能通电，刹车不能打开，电磁制动器（刹车）抱闸，起机械制动作用，重物稳定停于

空中。下降 C 挡还有另一个作用，就是在下降各挡回到 0 挡时，手柄都要经过下降 C 挡，可以在倒拉反接制动（下降 1 和下降 2 挡）的同时，使刹车线圈断电抱闸。即让电气制动与机械制动同时起作用，达到快速正确停车的目的。

（2）手柄在下降 1 和下降 2 挡。工作在这两挡时，电动机定子仍然正向通电，而 SA-4 则已经接通，刹车接触器 KMB 通电，刹车 YA 打开。下降 1 挡时 KM1 短接电机转子回路的一段电阻，下降 2 挡时则不短接电阻。由于转子回路所串电阻都较大，当重物较重时，电动机将进入倒拉反接制动。下放同样质量的重物时所串电阻越大，下降速度相对越快。因此下放同样质量的重物时，下降 2 挡比下降 1 挡重物下落速度要快一点。应该注意的是如果吊钩所吊的重物较轻时，重物产生的下降转矩小于电动机产生的电磁转矩，倒拉反接制动状态将不可能出现。例如，在空钩下放时，若将手柄扳到下降 1 或下降 2 挡，在电动机产生的电磁转矩作用下，空钩不仅不能下降，反而会低速上升。实际操作在下降 1 或下降 2 挡时，若发现重物不降反升，应该迅速将手柄推向下降 3~5 挡。

（3）手柄在下降 3~5 挡。下降 3~5 挡为强力下降挡，可以强迫空钩或轻物下降。在这三挡中，主令触点 SA-5 闭合，SA-6 断开，方向接触器 KMD 通电，KMU 断电，电机定子反向通电。从下降 3 挡到下降 5 挡，转子回路电阻相继被切除，可以获得三种不同的下降特性。电阻的切除过程是：下降 3 挡只切除两段电阻，下降 4 挡切除三段电阻，下降 5 挡则先切除四段电阻并相继切除所有电阻。应该注意的是，如果吊钩所吊的货物较重时，电动机将工作在反向回馈（再生）制动。在重量相同时，转子电阻切除越多，货物下落的速度越慢。也就是说，若货物较重且质量不变时，下降 3 挡下落的速度比下降 5 挡下落速度快。当在下降 5 挡时发现货物下降速度过快时，可将手柄扳回下降 1 或下降 2 挡，使起重机工作在制动下降状态。

由于下降 3 挡的下降速度比下降 5 挡快，为了避免扳回下降 1 或下降 2 挡过程中出现进一步的加速，在下降 5 挡时 KM6 线圈通电后，通过下降接触器 KMD 的动合辅助触点形成自锁。从下降 5 挡返回下降 2 挡之前，KM6 一直保持通电状态，转子回路电阻仍然保持被切除，从而保证从下降 5 挡返回下降 2 挡的过程中货物不进一步加速下落。

桥式起重机的电气图除了电气原理图外，还有安装接线图、位置类图等，其他图的读图方法与前面各章节介绍的方法一样，在此就不作重复介绍了。实际工作中，若需要读起重机的其他电气图，可以参照前面章节介绍的各类电气图的读图方法进行阅读。

第三节　电梯电气原理图的读图

　　机床和起重设备控制线路属于相对简单的控制线路，实际的电气设备一般由若干个子系统组成，各个子系统相互配合，共同完成设备所要求的任务。对于这样的复杂系统其控制线路的读图就比前面介绍的读图来得复杂，例如以传统继电接触器控制的交流双速电动机拖动的电梯（以下简称双速电梯）系统，就是一个这样的复杂系统。

　　虽然现代电梯多为采用变频器和微机（如 PLC 或单片机等）进行控制，但为了让读者锻炼识读复杂的继电接触器控制系统电气原理图的能力，本节仅选择采用继电接触器控制的双速电梯进行介绍。同时，希望通过电梯继电接触器控制系统的读图，读者可利用新技术对传统继电接触器控制的电梯或类似系统进行改造。

一、概述

1. 电梯的结构功能

　　在高层建筑中，电梯是不可缺少的交通代步工具，其结构示意图如图4-26所示。电梯的轿厢安装在建筑物内电梯专用的井道中，通过导轨限制电梯的摇摆。轿厢通过钢丝被井道顶部机房旁的曳引机轮牵引上下垂直运行，到达每个层站后人员可通过厅门和轿厢门进出轿厢。井道的底部低于建筑物底层地板的部分称为底坑，底坑中装有缓冲器。

　　电梯在做垂直运行过程中，有起点站也有终点站。对于三层以上建筑物内的电梯，起点站和终点站之间还设有停靠站。起点站设在一楼（常称为基站），终点站设在最高楼。起点站和终点站称两端站，两端站之间的停靠站为中间层站。

　　电梯按其运行速度分为低速电梯、中速电梯、高速电梯。低速电梯的梯速在1m/s以下，中速电梯的梯速在1.5~2.5m/s；高速电梯的梯速在3m/s以上。按用途分为载人电梯、载货电梯和医用电梯等。不同

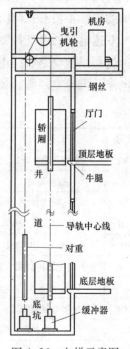

图4-26　电梯示意图

用途的电梯，其功能差别很大。载人电梯主要功能一般为：① 到达预定停靠的中间层站时，提前自动将额定快速运行切换为慢速运行，平层时自动停靠开门；② 到达两端站时，提前自动强迫电梯由额定快速运行切换为慢速运行，平层时自动停靠开门；③ 自动平层；④ 自动开关门；⑤ 厅外有呼梯装置，且呼梯时有记忆指示灯信号，轿内有音响信号和呼梯层站位置及要求前往方向记忆指示灯信号；⑥ 厅外有电梯运行方向和所在位置指示灯信号；⑦ 呼梯要求实现后，自动消除轿内外呼梯位置和要求前往方向记忆指示灯信号；⑧ 轿内多指令登记和厅外顺向呼梯指令信号截梯性能等。

2. 电梯电气图样

双速电梯的继电接触器控制线路相当复杂，电气图样较多。电梯的安装位置类图和说明文件等与其他设备类似，读图方法也基本一样，本节仅就其电气原理图进行分析，对于其他图样读者可结合前面介绍的读图方法进行识读。

唯一需要说明的是电梯、尤其是高层建筑中使用的载人电梯，不仅在电气方面有很多针对安全保护的要求，在土建工程、机房（电梯控制机房）、井道、底坑、厢门及总体布置等方面也有专门的规范和要求。因此，在读图前，应该首先了解有关规范和要求。读图时尤其要注意有关安全方面的内容。目前，我国关于电梯的国标主要有：GB 50310—2002、GB/T 7024—2008、GB/T 7025—2008 等。

双速电梯的电气控制原理图一般有拖动电机主电路、电源电路、运行控制电路、过程控制电路、门电动机控制电路、选层与呼梯电路、信号与指示电路、照明电路、警玲电路等，如图 4-27 所示，图中元件的名称和文字符号见表 4-2。

表 4-2　　　　　　　　　　电梯元件的名称和文字符号

代号	元件名称	代号	元件名称	代号	元件名称
M	交流双速电动机	SQU	上平层开关	XN	自动定向接点
V	硅整流器	SQD	下平层开关	XM	自动定向接点
TS	变压器	SL	电源开关	XV	换速静接点
YB	制动器电磁线圈	S	单相隔离开关	XUV	上行换速动接点
MD	自动开关门电动机	SEL	轿内照明开关	XDV	下行换速动接点
YM	开关门电动机励磁线圈	SF	风扇开关	X1	指层灯动触头
MF	风扇	SED	轿顶检修灯开关	X2	指层灯静触头
KMC	控制电源接触器	SEI	坑底检修灯开关	XK	检修使用接点
KMU	上行接触器	ST2	轿内检修开关	HIL	轿内选层信号灯
KMD	下行接触器	S1	底层钥匙开关	HID	轿内向下方向指示灯

续表

代号	元件名称	代号	元件名称	代号	元件名称
KMF	快速接触器	SP	轿内电源钥匙开关	HIU	轿内向上方向指示灯
KMP	快速准备接触器	SMB	底坑检修急停开关	HLU	向上呼梯信号灯
KMO	快速运行接触器	S2	选层器钢带张紧开关	HLD	向下呼梯信号灯
KMS	慢速接触器	S3	断绳开关	HI	轿内指层灯
KML	慢速运行接触器	S4	安全钳开关	HD	厅门外下方向指示灯
KM1	第一制动接触器	S5	安全窗开关	HU	厅门外上方向指示灯
KM2	第二制动接触器	SMD	轿上检修急停开关	ELI	轿内照明荧光灯
KM3	上行辅助接触器	S6	轿顶检修开关	ELO	轿顶检修灯
KM4	下行辅助接触器	S71～S7n	厅门开关	ELIL	坑底检修灯
KU	向上平层继电器	S81、S82	安全触板开关	RST	起动电阻
KD	向下平层继电器	SLU	上行限位开关	RB	制动电阻
KV	换速继电器	SLD	下行限位开关	REC	YB 的经济电阻
KUG	厅外开门继电器	SUD	上行缓速开关	RD	YB 的放电电阻
KL	门联锁继电器	SDD	下行缓速开关	RJ	MD 的可调电阻
KE	急停继电器	SOF	开门行程开关	RC	开门机限流电阻
KI	轿内选层继电器	SON	关门行程开关	RO	关门分流电阻
KUU	厅外上行呼梯继电器	SBM	急停按钮	RN	开门分流电阻
KUD	厅外下行呼梯继电器	SBO	开门按钮	HA2	蜂鸣器
KTF	快速加速延时继电器	SBN	关门按钮	HA1	警铃
KTS	延时停梯继电器	SB1	轿内上行检修按钮	GH	警铃电源
KT1	第一制动延时继电器	SB2	轿内下行检修按钮	XS1	轿顶插座
KT2	第二制动延时继电器	SB	直驶按钮	XS2	坑底插座
KT3	第三制动延时继电器	SB3	轿顶上行检修按钮	FU	主回路熔断器
KGO	开门继电器	SB4	轿顶下行检修按钮	FU1	硅整流器一次熔断器
KGC	关门继电器	SBI	轿内选层按钮	FU2	变压器一次熔断器
KOP	运行继电器	SBU	上行呼梯按钮	FU3	交流电源熔断器
KG	启动关门继电器	SBD	下行呼梯按钮	FU4	开关门电路熔断器
KA	检修状态继电器	SBA	警铃按钮	FU5	信号灯电路熔断器
KU1	向上方向继电器	XO	轿内选层记忆清除接点	FU6	检视灯电路熔断器

代号	元件名称	代号	元件名称	代号	元件名称
KD1	向下方向继电器	XUS	向上呼梯清除接点	FU7	照明及电扇电路熔断器
FR	热继电器	XDS	向下呼梯清除接点	VD	二极管

二、读图前的准备

对于图 4-27 所示的双速电梯继电接触器控制原理图，读图时仍按本书第二章介绍的方法进行，即先看主回路，再看控制电路，最后看辅助电路。但如图 4-27 所示的具有 100 多个回路的电气原理图，即使按功能将其分为若干个子系统，由于各子系统之间存在相互联系，实际读图仍会感觉非常困难。因此，有必要在读图时做一些准备工作。

在本书第一章曾经介绍过，为了便于读图和检索，电气图的幅面可以采用数字和字母进行分区。有了图幅分区，就可通过索引找到具体的元件，从而使读图变得容易。基于这样的思路，有些复杂的继电接触器控制系统的电气原理图，常常在继电器线圈和接触器线圈的右边或下面标注出其控制的所有触点所在的回路号，称为触点索引；而在继电器和接触器触点的旁边标注出对应线圈所在的回路号，称为线圈索引。有了触点索引和线圈索引，读复杂电气原理图时就能做到比较迅速、无遗漏地识读。

对于图 4-27 所示的双速电梯无索引电气原理图，即使是有经验的技术人员，要做到无遗漏地完整读图也不是一件容易的事情。因此，对于这样的复杂图样，读图之前可以尝试自己制作触点索引和线圈索引。

制作索引的第一步是进行分区。正规的电气图样都有图幅分区，但图幅分区有时比较粗略，不一定能满足索引制作的要求。为此，可以按照电气原理图的回路进行编号，并在各回路的上方或左边标注出回路号作为分区。回路号采用数字进行编排，对于同一子系统的回路，第一位设置相同的数字，这样有利于索引查找。第二、第三位则按各回路的顺序编排。

制作索引的第二步是制作触点索引，即在线圈的左边用两行（或下面用两列）分别标注该线圈所有触点所在的回路号。动合触点在第一行（或列），动断触点在第二行（或列）。有的图样，接触器的触点索引采用三行（或列）标注，第一行（或列）为动合触点的回路号，中间一行（或列）为主触点所在的回路号，最后一行（或列）为动断触点的回路号。

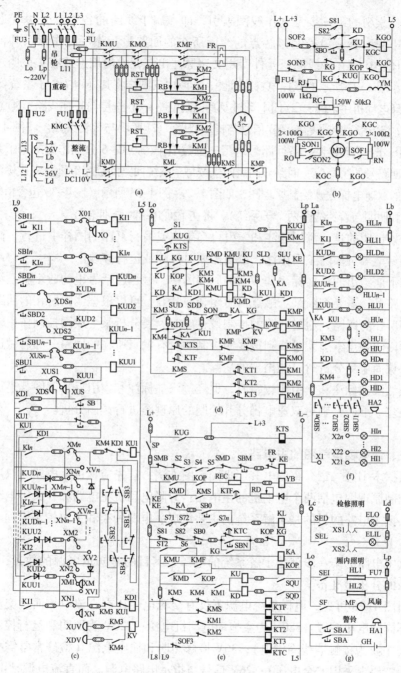

图 4-27　双速电梯继电接触器控制原理图

（a）电源与主电路；（b）门电动机及其控制；（c）选层与呼梯；（d）运行控制线路；

（e）过程控制线路；（f）信号与指示；（g）照明与警铃

制作索引的第三步是制作线圈索引，即在属于线圈的各触点旁边（通常在右边或下面）标注出控制该触点的线圈所在的回路号。除了制作索引外，为了便于读图，还可在各线圈或元件旁用文字标注出该元件的用途或有关说明。

对于图 4-27 所示的双速电梯原理图，实际电气图样将其分为 7 个子系统：① 电源及升降电动机主电路；② 门电动机及其控制电路；③ 选层与呼梯线路；④ 过程控制线路；⑤ 运行控制线路；⑥ 信号与指示线路；⑦ 照明与警铃线路。将图 4-27 所示原理图分开重新绘制，各回路号采用三位数编排，以 0~6 分别作为 7 个子系统原理图各回路号的第一位，回路号的后两位按每个系统回路的顺序编排。完成标注和添加索引的双速电梯分开绘制原理图，如图 4-29~图 4-33 所示（图 4-33 包含信号与指示线路和照明与警铃线路两个子系统），将在下面介绍时分别给出。

应该说明的是，添加标注和索引可在副本或另行复印的图样上进行，而且应该采用铅笔等可擦除工具标注，以便需要时擦除或进行修改。

在下面给出的添加标注和索引的原理图中，触点后括号里的数字就是线圈所在的回路号。需要判断某个触点何时闭合或断开，可以根据线圈所在的回路号找到线圈所在的回路，通过回路的控制逻辑确定。要分析某个线圈控制作用时，通过其后面的触点索引就可找到该线圈控制的所有触点所在的回路，然后做进一步分析，从而避免分析时可能出现的遗漏。

虽然添加标注和索引比较费时，但经过添加标注和索引后，读图就显得相对容易很多。下面分别对双速电梯分开绘制的原理图进行读图分析。

三、读电梯电气图的主电路

根据本书第二章介绍的电气原理图读图方法，首先应该读主电路。双速电梯电气控制原理图包括两个电动机的主电路：升降电动机主电路和开关门电动机主电路。读主电路的目的是了解系统的主要组成、电源种类和主要控制原理。

1. 电源

读主电路的第一步就是了解系统的电源，其目的是知道电源的数量、种类，为后面的分析做准备。

由图 4-28 可见，电梯系统电源不仅有交流电，还有直流电。而且交流电有四个不同的电压等级：380V 为主拖动电动机电源；220V 为照明和运行控制电路电源（主要为接触器线圈供电）；36V 检修照明和插座电源（检修常常需要移动式照明，要求采用安全电压）；26V 信号与指示电路电源。而直流电源是由 380V 交流电经过整流，得到 DC110V 直流电，通过 L+ 和 L- 输出，作为过程控制电路和呼梯选层电路的电源。此外，为了在发生异常时保证呼叫值班人员的警铃能够

正常使用，紧急报警警铃采用蓄电池供电。

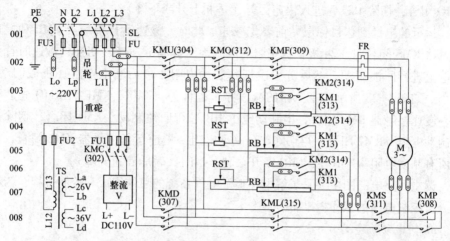

图 4-28　标注索引后的电梯电气原理图之一：电源及升降电动机主电路

　　上述电源主要由 S、SL 和 KMC 控制。S 是单相隔离开关，单独控制 220V 交流电源。SL 是一个具有安全保护的电源开关，当电梯上行或下行限位开关失灵，造成冒顶越过极限或冲底越过极限时，上碰轮或下碰轮动作，在重距重力作用下将 SL 断开，切断主机的电源，从而避免发生严重事故或造成设备严重损害。

　　KMC 是控制电源接触器。在图 4-31 的 301 回路，S1 是底层厅外钥匙开关，电梯工作时钥匙开关 S1 置于运行位置（闭合），厅外开门继电器 KUG 动作，302 回路的动合触点闭合，使 KMC 动作，整流器 V 工作，直流控制电源输出 110V 直流电。电梯若要停止工作，可将钥匙开关 S1 置于停止位置（断开），由于 KTS 断电使 KMC 延时复位（参见图 4-32 回路 401），控制电源延时断电（其目的主要是保证需要完成但仍未完成的任务继续完成，如保证电梯轿门关闭）。

　　2. 升降电动机主电路

　　升降电动机又称为主拖动电动机，采用交流双绕组双速电动机，其中一套绕组为 6 极，同步转速 1000s/min，用于电梯正常快速运行；另一套绕组为 24 极，同步转速 250s/min，用于轿厢平层时或检修时的慢车运行。

　　如图 4-28 所示主电路，KMU 为上行接触器，KMU 闭合时主拖动电动机正转，电梯上行；KMD 为下行接触器，KMD 闭合时电动机反转，电梯下行。快速运行接触器 KMO、快速接触器 KMF 和快速准备接触器 KMP 闭合时，6 极绕组通电，电动机快速运行。为了使电梯启动运行平滑，使乘客具有良好的舒适感，主拖动电动机起动时采用串起动电阻 RST 进行降压起动。电梯启动及运行过程为：

KMU 或 KMD 闭合→KMP、KMF 先后闭合，串 RST 降压起动→接近额定转速时 KMO 闭合，切除 RST→进入快速运行（轿厢上升或下降）。

运行的电梯到达目标层站前要先减速。此时，慢速运行接触器 KML 和慢速接触器 KMS 闭合时，24 极低速绕组通电。为了提高舒适感，切换到慢速时首先串电阻进行回馈制动，然后分三次切除制动电阻，最后断电抱闸（机械制动）停车。如图 4-28 所示，主电路的减速停车过程为：KMP、KMF 和 KMO 先后断开→慢速接触器 KMS 闭合，串制动电阻 RB 进行回馈制动→KM1 闭合，切除部分制动电阻→KM2 闭合，再切除部分制动电阻→慢速运行接触器 KML 闭合，切除所有制动电阻→KMU 或 KMD 断开，刹车抱闸（轿厢停止升降）。

读主回路电路图主要是了解电梯整个电气系统的总体组成和控制过程，为后面分析控制电路的工作做准备。

3. 门电动机电路

如图 4-29 所示为开关门电路，负责电梯门的开启和关闭。电梯门包括轿厢门和层站厅门，该电路实际控制的是轿厢门。轿厢平层前，通过轿厢门上的开门刀插入厅门滚轮门锁。轿门开启时开门刀拨开厅门的钩子锁，带动厅门同步开启。轿门关闭时，厅门也同时关闭。

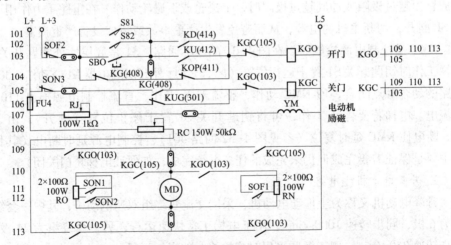

图 4-29　标注索引后的电梯电气原理图之二：门电动机电路

电梯门的开关电路能否正常工作，对电梯的正常运行有着重要作用，开关门不正常整个电梯就不能工作。开关门的动作过程同时还影响电梯运行的质量，门的开关过程既要求速度快又要求噪声小。为了满足这一要求，交流双速电动机拖动的电梯一般采用直流电动机作为开关门的拖动电动机，以便实现对开关门速度

的调节控制（初始动作时快速，结束前慢速）。

图 4-29 所示的电路包含电动机电路（励磁回路和电枢回路，相当于主电路）和控制电路（控制门电动机的电枢回路），读图时先读电动机电路。根据前面对电源的分析可知，钥匙开关 S1 闭合后，门电动机的励磁绕组 YM 有电，改变 YM 串联的电阻 RJ 可以调节门电动机的励磁。

门电动机的电枢回路由开门继电器 KGO 和关门继电器 KGC 的各三对动合触点控制。当 KGO 的三对动合触点闭合，两对 KGO 触点使门电动机 MD 的电枢回路接上正（L+）下负（L5）的电压。同时一对 KGO 触点接通分流电阻 RN，与电阻 RC 串联，在电枢两端形成分压。改变 RN 的大小可以改变电枢两端电压的大小，从而调节开门速度。SOF 为开门行程开关，开门初始时 SOF1 和 SOF2 都未动作，门电动机两端电压最大，轿门快速开启。当轿门达到一定的开启度后，行程开关动合触点 SOF1 闭合，短接一段 RN，电枢两端电压减小，轿门开启速度减慢。行程开关动断触点断开后开门继电器 KGO 断电，门电动机断电，轿门依靠惯性直到完全开启。同样关门继电器 KGC 的三对动合触点闭合后，分流电阻 RO 与电阻 RC 串联，MD 的电枢回路的电压上负（L+）下正（L5），门电动机反转，关闭轿门。轿门关闭速度有三挡，当 RO 全部接入时关门速度最快，关门行程开关 SON1 闭合后关门速度减慢，SON2 闭合后关门速度最慢。最后，动断触点 SON3 断开关门继电器 KGC，门电动机断电，门依靠惯性完全闭合。

由此可见，轿厢门的开启和关闭是由 KGO 和 KGC 控制的，开关门的速度通过行程开关 SOF 和 SON 的动合触点切除分流电阻进行控制，开关门最后停止工作也是通过行程开关 SOF 或 SON 的动断触点断开 KGO 或 KGC 线圈实现的。因此，实际读电梯的安装类图样时应注意行程开关 SOF 或 SON 的安装位置，以确保门电动机按要求开关轿厢门。

读完电枢回路后，就可读门电动机的控制回路了。门电动机的控制回路由 KGO 和 KGC 两个继电器控制。可以采用逻辑代数读图法读图。根据图 4-29，可以得到开关门继电器 KGO 和 KGC 两个线圈的逻辑函数为

$$\left.\begin{aligned} F(KGO) &= KUG \times \overline{SOF2} \times (S81+S82+SBO+\overline{KG}) \times (KD+KU+\overline{KOP}) \times \overline{KGC} \\ F(KGC) &= \overline{SON3}(KG+KUG)\overline{KGO} \end{aligned}\right\} \quad (4-4)$$

式（4-4）包含有继电器触点，它们的线圈也都有逻辑函数，分析时完全可以把各自线圈的逻辑函数表达式代入式（4-4），得到完整的开关门继电器的逻辑函数表达式。不过这样将使表达式变得相当复杂。为了简化分析，可以采用分开说明来解读式（4-4）的逻辑函数。采用分开分析方法时，式（4-4）的逻辑

函数可以表示为

$$F\ (KGO) = KUG \times \overline{SOF2} \times FO1 \times FO2 \times \overline{KGC}$$
$$F\ (KGC) = \overline{SON3 \times FC \times KGO}$$

$$(4-5)$$

式中，$FO1 = (S81 + S82 + SBO + \overline{KG})$、$FO2 = (KD + KU + \overline{KOP})$ 都是开门继电器 KGO 线圈的逻辑子函数；$FC = (KG + KUG)$ 为关门继电器 KGC 线圈的逻辑子函数。下面先分别对各个子函数单独分析。

在逻辑子函数 FO1 中，SBO 为开门按钮；S81、S82 为安全触板开关；KG 为关门继电器（参见图 4-32，408 回路）。所谓安全触板，属于防夹保护装置，是指安装在电梯门上的一种软门。当电梯轿厢在关门过程中接触或感应到人或其他物体时，连接在软门的安全触板开关将发出一个开门信号使电梯开门，从而达到不伤人或物的作用。要使 FO1 = 1（即满足开门的逻辑条件），则应该在按压开门按钮，或安全触板开关感知到关门遇到阻碍，或无关门信号等情况下。

在逻辑子函数 FO2 中，KU 和 KD 分别为向上和下平层继电器，KOP 为运行继电器。当电梯轿厢平层过程中 KU 或 KD 的线圈通电动作，平层后 KU 或 KD 线圈断电复位；拖动轿厢工作的双速电动机断电后，运行继电器 KOP 也断电复位。因此，要使 FO2 = 1，则应该在轿厢停止运行时或处于上、下平层过程中。应该说明的是，通过电梯使用说明书可知，本电梯具有提前开门功能。所谓提前开门是指电梯平层过程中，为了提高电梯的运行效率，在轿厢以低速缓慢平层时提前打开电梯门的功能。图 4-29 回路 102 和 103 中的 KU 和 KD 动断触点的作用就是分别在上下平层时实现电梯的提前开门功能的。

分开分析后，分别将逻辑子函数 FO1 和 FO2 表示的含义代入式（4-5），结合 KUG = 1 表示钥匙开关已经闭合（L+3 有电）、$\overline{SOF2} = 1$ 表示轿门未达到最大开启度、$\overline{KGC} = 1$ 表示关门继电器未动作，开门继电器的逻辑函数表示的含义是：在电梯钥匙开关 S1 已经闭合、门未开到最大、关门继电器没有动作的前提下，若按压开门按钮，或安全触板开关感知到关门遇到阻碍，或没有关门启动信号，同时若电梯轿厢停止运行或处于上、下平层过程中，开门继电器线圈将通电动作，使轿门带动厅门开启。

分开表述为：① 电梯通电工作后，轿厢平层停止升降时，只要没有检测到关门信号，轿门将自动开启；② 电梯平层后，按压开门按钮，可以使轿门开启；③ 轿门关闭过程中，安全触板开关检测到阻碍关门的信号后（408 回路的 S81、S82 断开，KG 复位），轿门将自动开启；④ 轿厢缓慢平层过程中，轿门将自动提前开启。

同样，可以对关门继电器工作采用逻辑函数的方法进行分析。分析的结果是：① 电梯通电工作后，轿门未关且开门时间超过延时时间后轿门将自动关闭；② 停止电梯工作时（钥匙开关断开，电源将延时断电），若轿门未关，这时轿门也将自动关闭。具体过程读者可自行分析。

上述分析采用的是逻辑函数读图的方法进行，虽然感觉有点烦琐，但却详细说明了对于一个不完全熟悉的系统如何运用逻辑函数识读复杂电路的方法。读者在实际工作中若遇到复杂的、难于读懂的电气原理图时，不妨参考上述的分析过程进行识读。

四、读电梯电气图的控制电路

分析完主电路后接下来就要分析控制电路，也就是分析前面介绍的主拖动电机的方向接触器、快速接触器和慢转接触器是如何被控制的。根据第二章介绍的电气原理图读图方法，读控制电路时通常从主令元件入手，自上往下、从左向右按顺序读图。

电梯系统是一个大的复杂系统，其控制电路不可能在一张图样中完整表示，而是通常将系统分为若干个分系统分别绘制，因此读控制电路时就必须逐个分系统分开读图，牵涉其他分系统时还需跨图分析。应对这样复杂控制电路时，通常可以采取多次识读的方法进行。可以先粗读，然后再细读，最后再进行总结和归纳。粗读和细读都可以多遍进行，粗读时主要是了解电路各个部分的功能，细读时再详细分析各电路中各回路的工作原理。读图时切莫出现急躁情绪，否则只能越读越乱。遇到读不懂的地方，可以结合说明书、位置安装类图、元器件代号清单（如表4-2元件的文字符号说明）等其他相关资料再读，多读几遍直到读懂。具体读图时，应选择含有主令元件的分系统入手，根据线圈元件后面的索引标注查找线圈所控制的触点所在的回路，然后逐个回路进行分析。读图时既可以采用经典读图法，也可以采用逻辑代数读图法，或者两者混合使用。

控制电梯运行的主令元件就是电梯轿厢内的选层按钮和各层站厅外的呼梯按钮。因此，下面首先从图4-30所示的选层与呼梯电路开始读图。

1. 选层与呼梯电路

选层与呼梯电路还可以分为两个主要部分，第一部分是图4-30所示的电路中201~214回路之间的部分，这部分电路的功能主要是选层与呼梯记忆信号的形成和清除。第二部分是图中218~228回路之间的部分，这部分电路的主要功能是对选层与呼梯信号进行处理，并形成电梯定向控制信号。下面先分析这两部分电路，最后再对其他剩下的电路进行说明。

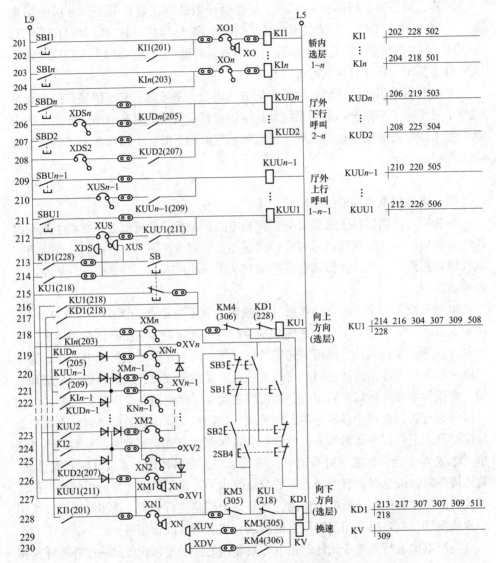

图 4-30　标注索引后的电梯电气原理图之三：选层与呼梯电路

选层信号是指电梯乘员进入轿厢后，通过按钮选择所要到达的楼层，而呼梯则指在厅外等待乘坐电梯的人员，通过厅门旁边的按钮召唤电梯。为了让选层与呼梯信号能够持续起作用，选层和呼梯信号电路都应有"记忆"的功能，而当轿厢到达信号所在层站后，还要对信号的"记忆"进行清除。

实现这一功能的电路如图 4-30 所示的回路 201 和 202，它实际上就是本章

第一节介绍的自锁电路。201 回路的 SBI1 就是轿厢内对应底层的选层按钮，当按压 SBI1 后，与 SBI1 对应的轿内选层继电器 KI1 线圈得电动作，202 回路中的动合触点闭合自锁，形成选层信号记忆。当电梯轿厢到达底层后，选层信号的记忆由轿内选层清除触点 X0 进行记忆清除。X0 实际是一个动触点，它安装在轿厢外，X01～X0n 分别为 1～n 层站的轿内选层记忆清除的静触点，安装在各层站厅门内某一位置。当轿厢到达并停靠在所选层站时，动接点 X0 与对应的静触点接触，对应的轿内选层继电器线圈复位，自锁触点断开，选层记忆清除。

　　201～204 回路之间的电路都是类似的轿内选层电路，由于各层站的选层电路一样，图中仅画出顶层和底层两层的选层电路，实际电梯有 n 层，就有 n 个像 201 和 202 回路这样的电路。

　　205～208 回路之间的电路为厅外下行呼梯电路，由于底层不能向下呼梯，因此，205～208 回路之间的呼梯电路只有 $n-1$ 个（从二层到顶层）。类似的 209～212 回路之间的电路为厅外上行呼梯电路，由于顶层不能向上呼梯，因此，209～212 回路之间的呼梯电路也只有 $n-1$ 个（从底层到次顶层，即 $n-1$ 层）。

　　为了使厅外呼梯能够保持到电梯轿厢顺向到达时记忆才被清除，上、下行呼梯记忆的清除采用不同的触点。213、214 回路就是为了上、下行呼梯记忆分别清除而设置的。电梯上行时，214 回路的向上方向继电器动合触点 KU1 闭合，213 回路的向下方向继电器动合触点 KD1 断开。而向下呼梯清除记忆的动触点 XDS 通过 KU1 动合触点与电源线相连，XDS 与向下呼梯静触点接触后，对应的记忆继电器仍然保持自锁（不被清除）。而向上呼梯清除记忆的动触点 XUS 与 KD1 触点相连，由于 KD1 触点断开，XUS 不能与电源线相连，当它与向上呼梯静触点接触后，对应的记忆继电器自锁回路断开，自锁被清除。也就是说，XUS 只在上行时清除向上呼梯记忆，XUS 只在下行时清除向下呼梯记忆。

　　在图 4-30 所示的电路中，218～228 回路之间的电路是对选层与呼梯信号进行处理并形成电梯定向控制信号的电路。当选层或呼梯按钮被按压后，这部分电路中对应继电器的动合触点闭合，结合轿厢停放位置，将产生控制电梯轿厢运行方向的定向控制信号。例如，若电梯轿厢停在 2 楼层站，223 和 225 回路中因定向静触点 XM2 和 XN2 被定向动触点 XM 和 XN 接触而断开。此时，若底楼层站出现选层或呼梯信号（226 回路的 KUU1 动合触点闭合或 228 回路的 KI1 动合触点闭合），则 228 回路的向下方向继电器 KD1 线圈通电动作，发出轿厢下行控制信号。而若电梯轿厢停在 2 楼层站时，三楼以上层站出现选层或呼梯信号，由于 223 和 225 回路中因定向静触点 XM2 和 XN2 被定向动触点 XM 和 XN 接触而断开，选层或呼梯信号只能使 218 回路的向上方向继电器 KU1 线圈通电动作，发

出轿厢上行控制信号，228 回路的 KD1 线圈不能通电动作。

如果轿厢正在升降过程中出现选层或呼梯信号，此时定向连接线中虽然没有触点被断开，但由于方向继电器 KU1 或 KD1 线圈有一个已经动作，它们的线圈回路之间采用电气互锁（动断触点断开），另一个方向继电器将不能再得电。只有在轿厢达到该方向已经发出选层或呼梯信号的最远端，通过定向动触点使对应的静触点断开后，已经动作的方向继电器才复位解除互锁，另一个方向继电器才能通电动作，并发出反向定向控制信号。

方向继电器 KU1 和 KD1 产生的定向控制信号所控制的电路可通过触点索引查找。通过其线圈后面的触点索引可以看到 KU1 和 KD1 各有 6 对动合触点和 1 对动断触点。动断触点作为电气互锁触点，而 6 对动合触点所在回路就是定向控制信号所控制的具体回路。这些回路归纳起来为：① 图 4-33（a）的信号与指示电路，作为厢内和厅门的上下行指示（508、511 回路）；② 到图 4-31 的运行控制电路去控制主电动机运行接触器的工作（各有 3 对动合触点分别在 304、307 和 309 回路）；③ 作为清除顺向呼梯记忆信号、保留反向呼梯记忆信号用（213 或 214 回路，前面已经介绍过）；④ 用于实现轿厢直驶功能（216 或 217 回路）。

所谓轿厢直驶，是指轿厢直行到选定的层站，而不因中间层站的呼梯而停车的功能。轿厢直驶是通过轿厢内的直驶按钮 SB（动合触点在 213 回路，动断触点在 215 回路）进行操作的。在轿厢内，先通过轿内选层按钮进行选层，然后按下直驶按钮 SB，即可实现直驶。按下 SB 时，不论电梯向哪个方向运行，213 回路 SB 动合触点闭合，保证顺、反向呼梯记忆清除动触点 XUS 和 XDS 都带电，当它们与各静触点接触时将使各静触点的记忆信号保持不变，以便直驶功能结束后电梯能够执行这些呼梯信号。按下 SB 后，215 回路 SB 动断触点断开，切断厅外呼梯触点（KUU1～KUUn-1 触点和 KUD2～KUDn 触点）的电源线，只保留轿内选层触点的电源线。通过被选中的轿内选层继电器动合触点（KI1～KIn 中的一个），使对应的换速触点 XV1～XVn 与电源线接通，为换速做准备。轿厢临近所选层站时，通过换速触点和换速继电器产生换速控制信号，使主拖动电机降速并最终停车。

电梯即将到达所要到达的层站之前，主拖动电动机仍然快速运行，要实现主拖动电动机从快速降为慢速的换速，控制电路就应该提供换速控制信号。产生换速信号的继电器是 229 回路的 KV，它通过固定在各层厅门上的换速静触点和固定在轿厢外的换速动触点控制。除了顶层和底层只有一个方向需要换速外，各层站的换速方向都有两个（向上平层换速和向下平层换速）。而且由于轿厢和乘员重量影响，上下方向平层时换速所需的提前点是不同。为了解决上、下平层时的差异，保证通过换速后轿厢在两个方向上平层的一致性和精确度，换速动触点分为上行换速触点 XUV 和下行换速触点 XDV，分别固定在轿厢外的不同位置。

如图 4-30 所示电路中，当电梯上行时，由于上行辅助接触器 KM3 和上行接触器 KMU 同时动作（见图 4-31 中回路 305），KM3 在 229 回路的动合触点闭合。与此同时，有选层或呼梯信号的层站将通过相应的选层或呼梯继电器的动合触点使对应的换速静触点与电源线连接。轿厢临近该层站时，上行换速动触点 XUV 与对应层站的换速静触点接触，换速继电器 KV 线圈瞬时通电。通过图 4-31，309 回路的动断触点 KV 使快速准备接触器 KMP 的线圈断电，发出换速控制信号，轿厢减速平层。

如果电梯上行过程中，经过某一有反向呼梯信号的层站，虽然对应层站的换速静触点也与电源线接通，但由于反向信号电源线断电（信号电源线受 217 回路的方向继电器 KD1 的动合触点控制），且由于下行辅助接触器 KM4 处于释放状态，此时即使下行换速动触点 XDV 与带电的换速静触点接触，也不会使 KV 线圈通电而换速，从而保证换速的可靠性和精确度。

上述读图采用的是经典读图法对选层与呼梯电路进行读图，读图时基本遵循本书第二章介绍的方法：从主令元件入手，自上往下、从左向右按顺序读图。图 4-30 也可以采用逻辑代数读图法读图，采用逻辑代数法读图时，对读图的顺序相对没有要求。逻辑代数法读图侧重的是线圈通电的逻辑关系，而对识读顺序没有要求。因此，若采用经典法读图而遇到某个线圈回路难于读懂，此时也可针对难于读懂的回路采用逻辑代数法识读。具体采用什么方法完全由读者的习惯和实际需要决定。通过上述读图还可知道制作读图索引对复杂系统的原理图识读的重要性，尤其是线圈通电动作后，可通过其触点索引找到其所控制的所有触点的回路，从而避免毫无目标的查找及漏读。

2. 运行控制电路和过程控制电路

运行控制电路主要是对电梯轿厢升降运行的控制，读图时主要掌握图 4-28 所示的主电路中控制电动机工作的 7 个接触器 KMU、KMD、KMS、KML、KMP、KMF 和 KMO 的通断电控制。过程控制主要指对运行接触器的控制过程，它实际与运行控制不能完全分割。运行控制与过程控制电路主要分析的原理图如图 4-31、图 4-32 所示。

读如图 4-31 所示的运行控制电路时，按照读图从主令元件入手的原则，可以先找出其主令元件。根据前面选层与呼梯电路的分析结果可知，运行控制电路的控制信号是定向控制信号，代表定向控制信号的元件是方向继电器 KU1 和 KD1 的动合触点，它们分别控制方向接触器 KMU 和 KMD。因此，读如图 4-31

所示的运行控制电路首先可以从 304 或 307 回路的方向接触器线圈回路入手。不过两个方向接触器线圈回路都比较复杂，所以可先选择对上行接触器 KMU 线圈回路采用逻辑代数法进行识读。

根据图 4-31 所示电路的连接，可以列出上行接触器 KMU 线圈的逻辑函数为

$$F(KMU) = (KL+KD+KU)(KG+KOP+\overline{KA})(KU1+KM3)\overline{KMD} \cdot \overline{KU}$$
$$[(\overline{SLD}+KU1 \cdot KA)\overline{SLU}+(KU1+\overline{SLD} \cdot KA)KD1] \qquad (4-6)$$

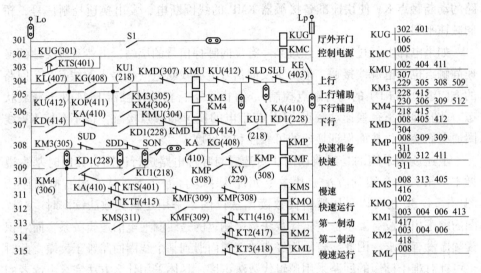

图 4-31　标注索引后的电梯电气原理图之四：运行控制电路

对于这样一个复杂的逻辑函数表达式，可以先进行必要的化简和处理后再进行分析。一般化简可以采用逻辑代数的运算定律进行，也可以采用普通的方法进行分析、简化和处理。由于采用运算定律化简所代表的物理概念比较不清晰，下面采用普通的方法进行。

采用普通的方法分析复杂逻辑函数表达式时，一般步骤为：第一步将复杂逻辑函数表达式先分为若干个子函数；第二步对各个子函数逐个进行分析和化简；第三步对分析简化结果进行综合，最终用文字分别进行说明。采用子函数表示时，式（4-6）可表示为：

$$F(KMU) = F(3) \cdot F(4) \cdot F(1) \cdot F(2) \cdot [F(5)+F(6)] \qquad (4-7)$$

式中，$F(1) = (KU1+KM3)$，$F(2) = \overline{KMD} \, \overline{KU}$，$F(3) = (KL+KD+KU)$，$F(4) = (KG+KOP+\overline{KA})$，$F(5) = \overline{SLU}(\overline{SLD} + KU1 \cdot KA)$，$F(6) = KD1(KU1+\overline{SLD} \cdot KA)$。

式中子函数的编号是按下面介绍的顺序编排的。

第一个子函数 F(1)＝ KU1 + KM3。KM3 为上行辅助接触器，其线圈与上行接触器 KMU 线圈并联，作为 KMU 的触点扩充用，在此相当于 KMU 的自锁触点。KU1 为向上方向继电器，就是选层与呼梯电路用于对运行控制电路进行控制的控制信号，或称为控制电路的起动信号。因此，第一个子函数表示的含义是，只要 KU1 = 1，就是向上行接触器 KMU 发出起动的控制信号。

第二个子函数 F(2)＝ $\overline{KMD}\,\overline{KU}$。其中，KMD 为下行接触器，电梯向下运行时不允许 KMU 动作，因此，KMD 的动断触点 $\overline{KMD}$ 可看作是 KMU 的互锁触点。KU 为向上平层继电器，电梯运行到达所选层站前进入慢速平层，向上平层时 KU = 1，平层结束后 KU = 0。此时，上行接触器应该断电，依靠惯性的作用轿厢仍可继续上行，直到刹车抱闸，轿厢停止，平层结束，向上平层继电器复位。因此，KU 的动断触点 $\overline{KU}$ 可看作是 KMU 线圈的停止控制触点。第二个子函数表示的含义是，如果下行接触器 KMD 动作，上行接触器 KMU 将因被互锁而不能工作；如果 KMU 已经动作，当电梯进入向上平层时，上行接触器 KMU 将停止工作。

第三个子函数 F(3)＝(KL+KD+KU)。由于上面说过 KU 的动断触点 $\overline{KU}$ 可看作是 KMU 的停止控制触点。要让 KMU 工作，必须使 KU 的逻辑值恒为 0。所以在 F(3) 中，三个"逻辑或"条件的 KU 触点可以去掉。而第二个"或"条件 KD，也是为了检修而设的，电梯正常运行时，或条件 KD 也可去掉。因此，电梯正常运行时有 F(3)＝(KL+KD+KU)＝(KL+KD)＝KL。KL 为门联锁继电器，由图 4-32 回路 407 可知，电梯正常运行、所有层站的厅门都关闭时，KL 线圈通电，KL = 1，否则 KL = 0。第三个子函数表示的含义是各厅门正常联锁。

第四个子函数 F(4)＝(KG+KOP+ $\overline{KA}$)。在它的三个或条件中，检修时，KA = 0，$\overline{KA}$ = 1；电梯正常运行时，$\overline{KA}$ = 0，可以去掉。KG 为启动关门继电器，轿门正常关闭后到进入快速运行前，KG = 1；进入快速运行时，KG = 0。KOP 为运行继电器，轿厢快速运行时 KOP = 1；轿厢停止运行（KMU 断电）后，KOP = 0（参见图 4-32、408 和 411 回路）。因此，电梯正常运行时，有 F(4)＝(KG+ KOP+ $\overline{KA}$)＝(KG+KOP)，表示的含义是电梯轿门正常关闭后到轿厢停止运行前，F(4) 的逻辑值为 1（线路接通）。

第五个子函数 F(5)＝ $\overline{SLU}$($\overline{SLD}$ + KU1·KA)。KA 为前面已经分析过的检修继电器。KU1 为向上方向继电器，SLD 为下行限位开关，SLU 为上行限位开关。F(5) 可分成两个部分，第一部分为 $\overline{SLU}$，第二部分为（ $\overline{SLD}$ +

$KU1 \cdot KA$）。第一部分是上限位保护，第二部分是冲底后允许电梯上行（冲底后 SLD 动作，$\overline{SLD}=0$。但还有一路 $KU1 \cdot KA$，表示不是检修时且有起动控制信号的话，可以使第五个子函数的值为1）。因此，整个子函数表示的含义是上限位开关未动作（$\overline{SLU}=1$），且下限位开关未动作（$\overline{SLD}=1$）或正常运行（不是检修时，$KA=1$）时向上方向继电器动作（有起动控制信号）。

第六个子函数 $F(6)=KD1(KU1+\overline{SLD} \cdot KA)$。是不可能出现的情况，其值恒为0。因为要使 KMU 动作，KU1 要先动作，而 KU1 动作则 KD1 必不能动作，它们两者是互锁关系（参见图 4-30 回路 218 和 228）。之所以会分解得到 F（6），实际上是图 4-31 中 304~307 回路的最后两个网眼电路的处理问题。这两个网眼电路，在电工学中称为桥式电路，可以有两种分开表示方法，即

$$[F(5)+F(6)]=[\overline{SLU}(\overline{SLD}+KU1 \cdot KA)+KD1(KU1+\overline{SLD} \cdot KA)]$$

$$(4-8)$$

还可以表示为

$$[F(5)+F(6)]=[\overline{SLD}(\overline{SLU}+KD1 \cdot KA)+KU1(KD1+\overline{SLU} \cdot KA)]$$

$$(4-9)$$

这两个式子是等价的，是 304~307 回路最后两个网眼电路用逻辑代数表示的两种逻辑值一样的表示法。用于上行接触器 KMU 时，采用式（4-8），物理概念明确。而用于下行接触器 KMD 时，采用式（4-9）。因为对于下行，$KU1（KD1+\overline{SLU} \cdot KA）$ 的值恒为0。

分析完各子函数的含义后，就可进入第三步，即对分析简化结果进行综合。考虑到上述简化结果，正常运行时（不是检修时），上行接触器 KMU 线圈的逻辑函数表达式（4-7）可表示为

$$F(KMU)=F(3) \cdot F(4) \cdot F(1) \cdot F(2) \cdot [F(5)+F(6)]$$

$$=F(3) \cdot F(4) \cdot F(1) \cdot F(2) \cdot F(5)$$

$$=(KU1+KM3) \cdot \overline{KMD} \cdot KU \cdot KL \cdot (KG+KOP) \cdot \overline{SLU} \cdot (\overline{SLD}+KU1 \cdot KA)$$

$$(4-10)$$

比较式（4-6）和式（4-10）可以发现，通过分析化简，F（KMU）的逻辑函数表达式得到了简化。用文字表示为，要使上行接触器 KMU 线圈通电的条件是：① 下行接触器 KMD 未动作；② 电梯不是处于上平层状态；③ 各层站厅门联锁正常；④ 电梯处于轿门正常关闭后到轿厢停止运行前的状态；⑤ 上限位开关未动作；⑥ 下限位开关未动作或若动作但处于正常运行状态（不是检修时）。此时，若选层与呼梯电路发出上行控制信号（$KU1=1$），则上行接触器 KMU 线圈

通电，且自锁（KM3＝1）。

上述文字说明是按子函数的功能逐个进行说明的，简单地说可以表示为：电梯正常运行时，如果电梯停在某个层站且关闭轿厢门后，有上行控制信号时上行接触器 KMU 线圈通电自锁。当电梯进入上平层时，上行接触器 KMU 线圈断电。

应该说明的是，上述分析是以电梯上行接触器 KMU 线圈的逻辑函数为例，详细介绍采用逻辑函数读图的步骤和过程，作为初次使用逻辑函数分析者的参考。实际读图时完全可以不用如此详细分析每一步，熟练者甚至就总的逻辑函数表达式就可进行文字说明，得出结果。

KMU 和 KM3 线圈通电后除了主触点及 KM3 的自锁触点外，通过触点索引还可分析它们对其他回路的影响。KMU 的具体影响为：① 图 4-32，404 回路的动合触点闭合，为主拖动电动机刹车打开做准备；② 图 4-32，411 回路的动合触点闭合，为运行继电器 KOP 动作做准备；③ 307 回路的动断触点断开，切断 KMD 线圈回路实现互锁，避免 KMD 线圈通电。KM3 的影响为：① 图 4-30 回路 228 的动断触点断开，使向下选层继电器 KD1 线圈断电；② 图 4-30 回路 229 动合触点闭合，为停车换速继电器工作做准备；③ 306 回路动合触点闭合自锁；④ 308 回路动合触点闭合，为快速接触器回路通电做准备；⑤ 315 回路动断触点断开，快速加速延时继电器 KTF 线圈断电延时，为切除降压起动电阻 RST 做准备；⑥ 图 4-33 回路 509 的动合触点闭合，厅门上行指示灯点亮。

下行接触器 KMD 的工作情况与 KMU 相似，其逻辑函数 $F(KMD)=(KL+KD+KU)(KG+KOP+\overline{KA})(KD1+\overline{KM4})\overline{KMU}KD[SLD(SLU+KA \cdot KD1)+KU1(KA \cdot \overline{SLU}+KD1)]$。简化、分析和文字说明与 KMU 的情况相似，留给读者作为练习自行分析。

除了方向接触器 KMU、KMD 以及前面介绍过的厅外开门继电器 KUG 和控制电源接触器 KMC 外，在图 4-31 所示的原理图中还有快速准备接触器 KMP、快速接触器 KMF、快速运行接触器 KMO、慢速接触器 KMS、慢速运行接触器 KML 和第一、二制动接触器 KM1、KM2 等 7 个接触器线圈。下面分别介绍它们的动作原理。

KMU（或 KMD）动作后，由于轿门完全关闭，图 4-31 回路 308 的关门行程开关 SON 动合触点闭合，电梯处于运行状态 KA 动合触点闭合，轿厢未进入快速运行 KG 动合触点闭合，快速准备接触器线圈 KMP 得电。KMP 主触点将图 4-28 回路 008 主电动机接成双星形（快速运行），同时，图 4-31 回路 309 的动合触点 KMP 闭合自锁，快速接触器 KMF 线圈得电动作。图 4-28 回路 002 的主触点 KMF 闭合，主拖动电动机通过起动电阻 RST 接入经 RST 分压而降低的电压，只等着刹车打开，就可进入降压起动。

主拖动电动机的刹车线圈 YB 在图 4-32 的 404 回路，当方向接触器 KMU（或 KMD）和快速接触器 KMF 线圈通电动作后，图 4-32 回路 411 的运行继电器 KOP 也动作。因此，图 4-32 回路 404 的刹车线圈 YB 通电，打开主拖动电动机的刹车，主拖动电动机串起动电阻 RST 降压起动。由于刹车线圈通电时，图 4-32 回路 415 的快速加速延时继电器 KTF 断电延时未到，其在图 4-32 回路 405 的动断触点 KTF 仍然闭合，因此，YB 线圈未经过经济电阻 REC 直接通电。当 KTF 断电延时到，KTF 动断触点断开，YB 线圈串入经济电阻 REC。在轿厢平层进入慢转时，由于慢速接触器 KMS 动合触点的闭合，YB 线圈也将保持打开状态。轿厢停止运行后，KMS 复位，YB 线圈断电，并通过放电电阻 RD 及二极管放电，刹车抱闸。

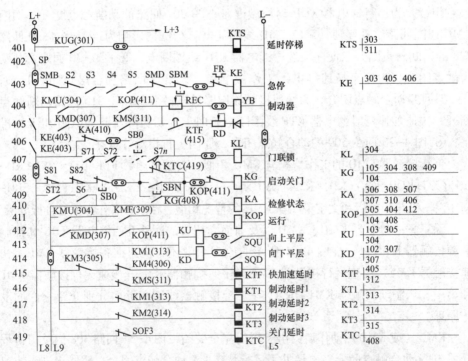

图 4-32　标注索引后的电梯电气原理图之五：过程控制电路

KTF 断电延时时间到，还使图 4-31 回路 312 的动断触点 KTF 闭合。由于 KMF 动合触点已经闭合，快速运行接触器 KMO 线圈得电，切除主拖动回路的起动电阻 RST 电梯进入快速运行。

当轿厢到达换速触点后，图 4-31 回路 309 的动断触点 KV 断开。由于此时

308 回路的 KG 线圈因运行继电器 KOP 动作而失电，因此，308、309 回路的快速准备接触器 KMP 和快速接触器 KMF 的线圈断电。KMF 在 312 回路的动合触点断开，使快速运行接触器 KMO 断电。同时，311 回路的 KMP 和 KMF 的动断触点闭合，慢速接触器 KMS 线圈通电，主拖动电动机通过制动电阻 RB 进入回馈制动。

　　KMS 动作后，图 4-32 回路 416 的动断触点 KMS 断开，第一制动延时时间继电器 KT1 断电延时。延时到，图 4-31 回路 313 的第一制动继电器 KM1 动作。切除拖动主回路部分制动电阻，并使图 4-32 回路 417 的动断触点断开，第二制动延时时间继电器 KT2 断电延时。同时，KM1 在图 4-32 回路 413 的动合触点闭合，为轿厢平层做准备。KT2 延时到，图 4-31 回路 314 的动断触点 KT2 闭合，第二制动继电器 KM2 线圈得电动作。再次切除拖动主回路部分制动电阻，并使图 4-32 回路 418 的动断触点断开，第三制动延时时间继电器 KT3 断电延时。KT3 延时到，图 4-31 回路 315 的动断触点 KT3 闭合，慢转接触器 KML 线圈通电，切除拖动主回路剩下的所有制动电阻 RB，主拖动电动机进入低速运行，电梯的轿厢进入平层过程。平层到位后，图 4-32 回路 412 或 414 的上、下平层开关 SQU 或 SUD 闭合，上、下平层继电器 KU 或 KD 线圈通电动作。由触点索引可知，KU（或 KD）在图 4-31 回路 304～307 的动断触点断开，方向接触器 KMU 或 KMD 断电，主拖动电动机停止转动；图 4-29 回路 102 或 103 的 KU 或 KD 动合触点与 KG 动断触点配合，轿门提前开启。

　　在图 4-32 所示的过程控制电路中，403 回路还有一个急停继电器 KE。正常时，底坑检修急停开关 SMB、选层器钢带张紧开关 S2 和急停按钮 SBM 的动断触点闭合，断绳开关 S3、安全钳开关 S4、安全窗开关 S5 和轿上检修急停开关 SMD 的动合触点也闭合，KE 线圈通电工作。若出现异常，403 回路 KE 线圈所串联的任一触点断开，KE 线圈失电。则在图 4-31 回路 303 和在图 4-32 回路 405、406 处的动合触点 KE 断开，运行控制电路和过程控制电路失电。主拖动电动机在刹车的作用下抱闸，紧急停止运转。

　　至此，电梯控制电路的分析任务完成，图 4-27 分解的电路图只剩下图 4-33 信号与指示电路和照明与警铃电路。这两个电路属于辅助电路，其原理也较简单，因此，留给读者自行分析。

五、电梯的安全保护措施

　　载人电梯的承载对象是人，因此，安全保护是一个很重要的内容，阅读电梯的电气图样时必须注意掌握安全保护方面的信息。在上述电梯原理图中，还有一

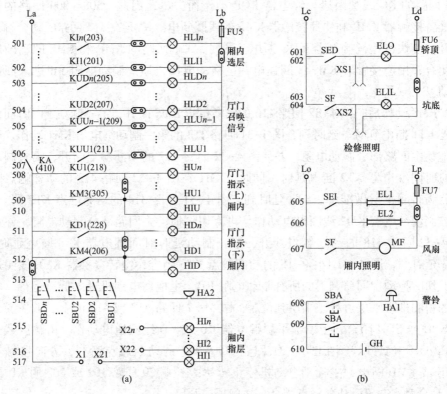

图4-33　标注索引后的电梯电气原理图之六——其他电路

（a）信号与指标；（b）照明与警铃

些安全保护措施，为了强调安全，特将其专门归纳如下：

当由于某种原因，使电梯到达上下限位时，上下限位开关 SLU、SLD 和极限断电保护行程开关 SLU 或 SLD 动作，将使图 4-31 的 304～307 回路中，上行接触器 KMU 或下行接触器 KMD 断电，使主回路断开，电动机停转。这在前面运行与过程控制电路分析时就已经说明过了。

问题是若 KMU 或 KMD 的主触点可能由于电梯频繁动作而发热、拉毛、烧黑，如果加上维护保养工作不完善，很可能造成主触点熔粘。此时，虽然 KMU 或 KMD 线圈断电，但主触点不能断开。为了提高电梯的安全性能，电梯装置一般还设有应急自动断电功能。在本电梯电气图样中，实现这一功能的是采用极限开关 SL，如图 4-28 所示。

若 KMU 或 KMD 线圈断电后轿厢继续运行，到达上下极限位置时，轿厢碰铁还将碰到电源开关 SL 的上或下碰轮，碰轮将带动钢丝绳在重砣的作用下使 SL

断开，从而使整个三相主电路停电。主电路断电后，不仅主拖动电动机失去电源，整流装置也断电，由整流装置提供直流电源的刹车线圈（见图 4-32 回路 404 的 YB 线圈）也断电。由电力拖动的知识可知，作为刹车的电磁制动装置都是采用断电抱闸形式的。刹车线圈断电后，依靠制动器的机械制动作用就能使轿厢停下来，最终保证轿厢内的人员安全。

为了保证断电刹车就能够使轿厢可靠停下来，在控制电路中还设置上行缓速开关 SUD 和下行缓速开关 SDD。当轿厢越过上下限位开关后，碰铁碰到 SL 上下碰轮使电源断电之前，将首先碰到缓速开关 SUD 或 SDD。如图 4-31 回路 308 的缓速开关动断触点 SUD 或 SDD 断开，快速准备接触器 KMP 和快速接触器 KMF 线圈断电，慢速接触器 KMS 线圈通电，主拖动电动机自动进入缓速运行，防止 SL 动作之前制动器来不及刹车，造成冒顶或冲底。

在电动机过载运行时，热继电器 FR 动作，使急停继电器 KE 断电，切断控制电路的交直流电源，依靠制动器使电梯迅速停车。可以通过 KE 断电达到保护的还有底坑检修急停开关 SMB、轿顶检修急停开关 SMD、选层器钢带张紧开关 S2、断绳开关 S3、安全钳开关 S4、安全窗开关 S5 和急停按钮 SBM。安全钳的保护作用是在电梯发生事故超速时（如钢丝绳断开），限速器动作，安全钳被提拉抱住导轨，S4 断开。切断急停继电器。安全窗设在轿顶，轿内发生危险情况时可打开安全窗，微动开关 S5 断开。此外，电梯运行时停电或故障停电时，被困在轿厢内的人员可以按压由电池供电的警铃按钮，呼叫厢外人员及时实施援救。

除了上面的各种保护外，在电气方面还采用接地或接零保护。一般的电梯还具有超速保护、超载保护、电动机的缺相和错相保护等。

不同的厂家，设计生产的电梯其控制电路不一样，安全保护措施也不尽相同。因此，读电梯电气图样时应特别注意各种安全保护措施，分析电气原理图时更应该注意其保护原理，以便在日常管理中，能够及时发现异常及时处理，能够按要求进行维护保养，确保电梯处于安全可靠的状态。

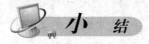

小　结

设备的电气控制线路总是由主电路和辅助电路两大部分组成。辅助电路又包括控制电路和显示、照明等其他辅助电路。分析主电路时，首先应了解设备各运动部件和机构采用了几台电动机拖动。从每台电动机的主电路中使用接触器的主触点的联接方式，可分析判断出主电路的工作方式，如电动机是否有正反转控制，是否采用了降压起动，是否有制动控制，是否有调速控制等。所谓降压起

动，是指降低电动机起动时的电压，从而降低电动机的起动电流，避免其对电网电压造成较大的影响。当电动机起动起来，转速较高时，再使加在电动机的电压达到额定电压（即进行二次起动）。

控制电路的主要任务之一是控制接触器线圈的通断电。与主电路不同，控制电路的结构和复杂程度相差很大。而且即使主电路完全相同，由于其使用场合、控制要求等方面不同，控制电路也将有很大的差异。控制电路常由典型环节构成，为了熟练分析控制电路，有必要掌握常见的典型基本环节。自锁控制又称为连续控制，它是相对点动控制而言的。所谓点动控制是指操作人员"点"一下按钮，电动机就"动"一下；控制按钮松开，电动机就停止转动。自锁环节的自锁触点可以实现连续运行，还可与接触器 KM 线圈（电压线圈）配合，实现欠压或失压保护的功能。互锁的目的是避免两个接触器线圈同时通电，从而避免电源短路的危险，正反转电路应该采用互锁控制。互锁有机械互锁、电气互锁和重复互锁。联锁控制是顺序控制，是两个或以上接触器线圈通电动作或断电复位先后顺序的控制。先起动接触器的动合辅助触点（即联锁触点）与后起动接触器线圈回路（或起动按钮）串联，可实现先后起动控制；先停止的接触器动合触点（即联锁触点）与后停止接触器停止控制的按钮并联，可实现先后停止控制。

异步电动机的辅助电路主要有两部分：一是工作状态指示和警示电路；二是为异步电动机所拖动的生产机械或设备工作时进行照明的电路。工作状态指示和警示电路一般都是利用接触器的辅助触点，接通指示灯构成的。

C620-1 普通车床线路非常简单，读其控制线路时，只要能看出自锁回路，就没什么难的。而 Z35 摇臂钻床，相对 C620-1 复杂一点。Z35 之所以复杂关键在摇臂升降控制上，要读懂它，就得知道其结构原理。结构原理知道后，摇臂升降控制也就变得简单了。

电动起重机械的电气线路有的较简单，有的很复杂。电气线路的复杂程度与起重机械的吨位、控制与保护要求及安装环境等有关系。电动葫芦是一种起重量较小、结构简单的起重机械。桥式起重机又称"天车"，可提升较大质量的货物，并能进行远距离的搬运工作，是工矿企业车间里应用最广泛的一种起重运输设备。桥式起重机实际操作时，操作人员需要同时对大车电动机、小车电动机和吊钩电动机进行操作控制，而且每个控制还要求有多个不同转速调节控制。为了减轻操作人员的操作强度，桥式起重机一般采用带有明显挡位的手柄进行操作，桥式起重机使用的控制器主要有"凸轮控制器"和"主令控制器"。凸轮控制器是用来通断主电路的，主令控制器则主要用来通断控制电路。

　　新型电梯多为采用变频器和微机（如 PLC 或单片机等）控制的鼠笼式异步电动机作为拖动电动机。传统的电梯则采用继电接触器控制系统控制的直流电动机或双速鼠笼式异步电动机作为拖动电动机。电梯是自动化程度很高、安全可靠性很高的设备，尤其是载人电梯，对安全保护的要求很高。这是电梯读图中应该注重掌握的内容之一。继电接触器控制的电梯线路相当复杂，电气图样较多。为了阅读复杂电路图，有的电路图上在线圈符号的底部或右边标有文字说明和线圈对应的触点的索引。读图时可以参照图中所给的触点索引找到触点控制的回路，从而方便了读图。若电路图中没有提供文字说明和触点索引，也可自己做说明和索引后再阅读。

　　分析复杂的继电接触器电梯控制线路，由于电气图样较多，线路繁多，不仅要在读完主电路后再分析，而且应该参考元件表、安装接线图、位置类图和实际结构等电气技术文件进行读图。具体阅读电路图时可结合控制过程进行分析，即根据控制过程或工作过程对控制线路的工作进行分析。还可根据电路的连接结构，构造出某接触器或继电器线圈的逻辑函数进行识读。逻辑函数复杂时，可将其分解为若干逻辑子函数单独分析，最后再合在一起进行综合分析。

❓ 思考题

4-1　一个电力拖动电路一般可分为哪几部分？各部分的功能是什么？

4-2　为什么读电力拖动电路时，一般先读主电路，读主电路的目的是什么？

4-3　对电动机的起动要求是什么？鼠笼式异步电动机常见的起动方法有哪些？

4-4　鼠笼式异步电动机为什么要采用降压起动？何时采用降压起动？其目的是什么？

4-5　一般由鼠笼式异步电动机的主电路可看到的保护有哪些？保护对象分别是什么？

4-6　热继电器的保护功能主要有哪些？能否作为短路保护？为什么？

4-7　为什么一般要求串接在主电路的热继电器发热元件要两个以上？试说明其原因。

4-8　什么是失压和欠压保护？在继电接触器系统中，常用什么元件来实现失压和欠压保护？

4-9　什么是自锁、互锁和联锁控制？它们所实现的主要功能分别是什么？

4-10　互锁控制有哪几种形式？各有什么特点？

4-11　联锁控制有哪几种形式？其元件的连接有什么特点？

4-12　直流电动机的起动方法有哪些？各有什么特点？

4-13　直流电动机电枢回路串电阻起动的电阻切除方式有哪些？分别采用什么元件控制？

4-14　机床电气控制系统的主要功能是什么？

4-15　Z35 型摇臂钻床有几台电动机？其用途各是什么？各有什么控制要求？

4-16　电动起重机械一般指什么？对其电动机控制主要有哪些要求？

4-17　桥式起重机一般由几台电动机驱动？各电动机的主要功能是什么？

4-18　桥式起重机常采用什么形式的电动机？可采用哪些控制器进行控制？

4-19　采用凸轮控制器的桥式起重机操作时应该注意什么？

4-20　采用主令控制器的桥式起重机操作时应该注意什么？

4-21　电梯的主驱动可以选择的电动机有哪些？各有什么特点？

4-22　对电梯主驱动电动机有哪些主要要求？

4-23　电梯电气系统有哪些主要组成部分？各完成什么功能？

4-24　电梯电气系统有哪些安全保护？可采用什么方法实现？

4-25　采用逻辑函数分析时，若逻辑函数较复杂，应如何处理？

附录　电气简图常用图形符号

名称及说明	图形符号	名称及说明	图形符号
直流		相对低频（工频或亚音频）	
中频（音频）		接地，一般符号，地，一般符号	
抗干扰接地无噪声接地		保护接地	
接机壳，接底面		等电位	
故障（指明假定故障的位置）		闪络，击穿	
屏蔽导体		绞合导线，示出两根	
电缆中的导线，示出三根		同轴对	
T 型连接（形式1、形式2）		中性点	
导体的换位，相序变更，极性反向		阴接触件（连接器的），插座	
		阳接触件（连接器的），插头	
插头和插座		接通的连接片（形式1、形式2）	
断开的连接片		电阻器，一般符号	

续表

名称及说明	图形符号	名称及说明	图形符号
可调电阻器		电容器，一般符号	
极性电容器，例如电解电容		可调电容器	
预调电容器		电感器，线圈，绕组，扼流圈，示例：带磁芯的电感器	示例
磁芯有间隙的电感器		带磁芯连续可变电感器	
带固定抽头的电感器，示出两个抽头		半导体二极管一般符号	
发光二极管（LED），一般符号		热敏二极管	
单向击穿二极管，电压调整二极管，齐纳二极管		双向二极管	
反向阻断二极晶体闸流管		反向阻断三极晶体闸流管，N形控制极（阳极侧受控）	
反向阻断三极晶体闸流管，P形控制极（阴极侧受控）		双向三极晶体闸流管三端双向晶体闸流管	
PNP半导体管		集电极接管壳的NPN半导体管	
具有P形双基极的单结半导体管		具有N形双基极的单结半导体管	
光敏电阻光电导管		光电二极管具有非对称导电性的光电器件	

续表

名称及说明	图形符号	名称及说明	图形符号
光电池		电机的一般符号 符号内的星号用 文字符号代替	*
旋转变流机	C	发电机	G
直线电动机一般 符号	M	步进电动机一般 符号	M
直流串励电动机	M	直流并励电动机	M
三相鼠笼式感应 电动机	M 3~	单相鼠笼式有分 相绕组引出端的感 应电动机	M 1~
三相绕线式转子 感应电动机	M 3~	变压器 形式 1（双绕组 变压器）	
自耦变压器（形 式 1、形式 2）	1　　　2	形式 2（瞬时电 压的极性可以在形 式 2 中表示）	
扼流圈 电抗器 （形式 2 与电感 器、线圈、绕组图 形符号相同）		形式 3（示例：示 出瞬时电压极性的 双绕组变压器，流 入绕组标记端的瞬 时电流产生助磁通）	

续表

名称及说明	图形符号	名称及说明	图形符号
电流互感器 脉冲变压器 （形式1、形式2）	1　2	电压互感器 （形式1、形式2）	1　2
动合（常开）触点 本符号可用作开 关的一般符号（形 式1、形式2）	1　2	动断（常用） 触点	
先断后合的转换 触点		中间断开的双向 转换触点	
先合后断的转换 触点（形式1、形 式2）	1　2	双动合触点	
双动断触点		（多触点组中） 比其他触点提前吸 合的动合触点	
（多触点组中） 比其他触点滞后吸 合的动合触点		（多触点组中） 比其他触点滞后释 放的动断触点	
（多触点组中） 比其他触点提前释 放的动断触点		当操作器件被吸 合时延时闭合的动 合触点	
当操作器件被释 放时延时断开的动 合触点		当操作器件被吸 合时延时断开的动 断触点	
当操作器件被释 放时延时闭合的动 断触点		当操作器件吸合 时延时闭合。释放 时延时断开的动合 触点	
手动操作开关一 般符号		具有动合触点且 自动复位的按钮 开关	

续表

名称及说明	图形符号	名称及说明	图形符号
具有动合触点且自动复位的拉拔开关		具有动合触点但无自动复位的旋转开关	
位置开关，动合触点		位置开关，动断触点	
接触器 接触器的主动合触点（在非动作位置触点断开）		具有由内装的测量继电器或脱扣器触发的自动释放功能的接触器	
断路器		隔离开关	
负荷开关（负荷隔离开关）		具有由内装的测量继电器或脱扣器触发的自动释放功能的负荷开关	
电动机起动器一般符号特殊类型的起动器可在一般符号内加限定符号		步进起动器	
调节—起动器		带晶闸管整流器的调节—起动器	
可逆式电动机直接在线接触器式起动器		星—三角起动器	
自耦变压器式起动器		操作件一般符号 继电器线圈一般符号（形式1、形式2） 1　　　2	
缓慢释放继电器的线圈		缓慢吸合继电器的线圈	

续表

名称及说明	图形符号	名称及说明	图形符号
缓吸缓放继电器的线圈		快速继电器（快吸和快放）的线圈	
热继电器的驱动器件		电子继电器的驱动器件	
熔断器一般符号		熔断器烧断后仍可使用，一端用粗线表示的熔断器	
熔断器式开关		熔断器式隔离开关	
熔断器式负荷开关		避雷器	
热电偶，示出极性符号（形式1）带直接指示极性的热电偶，负极用组线表示（形式2）		信号变换器，一般符号	
灯，一般符号 信号灯，一般符号		闪光型信号灯	
电喇叭		电铃	
报警器		蜂鸣器	
电动气笛		由内置变压器供电的指示灯	

参 考 文 献

[1] 全国电气文件编制和图形符号标准化技术委员会．电气简图用图形符号标准汇编．北京：中国电力出版社，中国标准出版社．2001.

[2] 全国电气文件编制和图形符号标准化技术委员会．电气制图及相关标准汇编（电气文件编制及相关标准汇编）．北京：中国电力出版社，中国标准出版社．2001.

[3] 《新旧电气图形符号对照读本》编写组．新旧电气图形符号对照读本．北京：兵器工业出版社．1997.

[4] 白公．怎样阅读电气工程图．北京：机械工业出版社．2001.

[5] 何利民，尹全英．电气制图与读图．北京：机械工业出版社．1993.

[6] 郭汀．常用电气设备图形符号使用指南．北京：中国电力出版社．2001.

[7] 郭汀．新旧电气简图用图形符号对照手册．北京：中国电力出版社．2001.

[8] 王晋生．2002 年版 新标准电气制图（电气信息结构文件编制）．北京：中国电力出版社．2003.

[9] 王晋生．新标准电气识图．北京：海洋出版社．1992.

[10] 邹仇平．电工常用图形符号与文字符号．北京：中国电力出版社．2004.

[11] 于庆帧．电工制图普及教程．北京：中国标准出版社．1991.

[12] 景守文．电气制图及电子产品图样绘制规则应用指南．北京：人民邮电出版社．1994.

[13] 石方安．电气图形符号实用手册．北京：中国劳动出版社．1997.

[14] 石方安等．电气和电子图形符号及旁注标记．北京：电子工业出版社．1987.

[15] 王国君．电气制图与读图手册．北京：科学普及出版社．1995.

[16] 李道本等．新旧电气简图标准编制示例对照图集．北京：中国电力出版社．2001.

[17] 钱可强等．电气工程制图习题集．北京：化学工业出版社．2004.

[18] 周励志．电工识图与典型电路分析．沈阳：辽宁科学技术出版社．1988.